Christian Schlieder

Autodesk® Inventor® 2013
Einsteiger-Tutorial

Viele praktische Übungen am
Konstruktionsobjekt HYBRIDJACHT

Christian Schlieder

Autodesk® Inventor® 2013
Einsteiger-Tutorial

Viele praktische Übungen am
Konstruktionsobjekt HYBRIDJACHT

Weiterführende Literatur

Inventor® Grundlagen in Theorie und Praxis

ISBN: 9783848207763
24,95 Eur

Autodesk® Inventor® Aufbaukurs Konstruktion

ISBN: 9783848203680
12,95 Eur

Autodesk® Inventor® Das Grundlagenkompendium

ISBN: 9783842366572
29,90 Eur

Frontal-Schulung

Frontal-Schulungen können in Ihrer Firma oder in unseren Räumlichkeiten in Berlin stattfinden. Jeder Teilnehmer erhält eigene Schulungsunterlagen, die Schritt für Schritt abgearbeitet werden. Der Trainer klärt Fragen direkt und ausführlich an den einzelnen Arbeitsplätzen, wodurch eine intensive und individuelle Betreuung möglich ist.

Gern senden wir Ihnen einen Kostenvoranschlag.

Kostenlose Videos auf www.YouTube.com

Viele Übungen aus unseren Büchern stehen kostenlos als Videos auf der folgenden Website zur Verfügung:

http://www.youtube.com/user/DerCADTrainer

Dieses Buch wurde durch Autodesk® geprüft und zertifiziert. Alle im Buch enthaltenen Informationen wurden nach bestem Wissen und Gewissen geprüft.

Da Fehler nicht ausgeschlossen werden können, übernehmen Autor und Verlag weder Verantwortungen, Verpflichtungen oder Garantien jeglicher Art, noch Haftung für die Benutzung der bereitgestellten Informationen. Autor und Verlag übernehmen keine Gewähr dafür, dass die beschriebenen Vorgehensweisen oder Verfahren frei von Rechten Dritter sind.

Das Werk ist urheberrechtlich geschützt. Übersetzung, Nachdruck, Vervielfältigung, sonstige Verarbeitung des Buches oder von Teilen daraus sind ohne Genehmigung des Autors nicht erlaubt.

Autodesk® Inventor® 2013 ist ein eingetragenes Markenzeichen von Autodesk, Inc. und/oder seiner Tochtergesellschaften und/oder der Tochterunternehmen in den USA und anderen Ländern.

© 2012 Christian Schlieder

ISBN

9783848220731

IMPRESSUM

Dipl.- Ing. Christian Schlieder
www.Ingenieurbuero-Schlieder.de
Fax: +49 (0) 3212 - 1122290

HERSTELLUNG UND VERLAG

Books on Demand GmbH, Norderstedt
www.BoD.de

INHALTSVERZEICHNIS

1	Einleitung		6
	1.1	Inhalt	6
	1.2	Befehle	6
	1.3	Projektordner erstellen	7
	1.4	Hilfedatei des Programms	7
	1.5	Kostenlose Programmversion	7
2	Einzelbenutzer-Projekt erzeugen		8
3	Basisrumpf		10
	3.1	Bauteil „Rumpf_Speedboot" erstellen	11
	3.2	Ebenen mit Versatz erzeugen	12
	3.3	XY-Ebene sichtbar machen	13
	3.4	2D-Skizze auf 4. Arbeitsebene erzeugen	14
	3.5	Achsen projizieren und als Konstruktionsobjekte definieren	14
	3.6	Zeichnen der ersten Linien mittels dynamischer Werteeingabe	15
	3.7	2D-Skizze auf 3. Arbeitsebene erzeugen	16
	3.8	1. Skizze ausblenden, Hauptachsen projizieren	17
	3.9	Linienkonturen zeichnen, bemaßen und abhängig machen	17
	3.10	2D-Skizze auf 2. Arbeitsebene erzeugen	19
	3.11	2D-Skizze auf 1. Arbeitsebene erzeugen	20
	3.12	2D-Skizze auf XY-Ebene erzeugen	21
	3.13	2D-Skizzen einblenden, Ebenen ausblenden	22
	3.14	Volumenkörper als Erhebung erzeugen	22
	3.15	Volumenkörper abrunden (variable Rundung)	23
	3.16	Volumenkörper spiegeln	25

4	**Aufbauten (Speedboot)**	**26**
4.1	2D-Skizze für Basiskörper zeichnen	27
4.2	Basiskörper extrudieren	28
4.3	2D-Skizze für Differenzkörper zeichnen	29
4.4	Differenzkörper extrudieren	30
4.5	Aufbauten abrunden (konstante Rundung)	30
4.6	Trennebene erzeugen	31
4.7	Volumenkörper in zwei Hälften trennen	31
4.8	Kopie der Datei als „Rumpf_Segelboot" speichern	32
4.9	Aufbauten mit Wandstärke versehen	32
4.10	Ebene für neue 2D-Skizze erzeugen	33
4.11	2D-Skizze für Lüftungsöffnungen zeichnen	33
4.12	Lüftungsöffnung einfügen	36
4.13	Bugspitze mit einer Kugel versehen	37
4.14	Ebene für neue 2D-Skizze erzeugen	38
4.15	2D-Skizze für Dachverstrebung zeichnen	38
4.16	Dachverstrebung als Rippe erzeugen	39
4.17	Dachverstrebung spiegeln	40
4.18	2D-Skizze für Fensteraussparungen erzeugen	41
4.19	Fensteraussparungen extrudieren	42
4.20	Farben zuweisen	42
4.21	Ebenen ausblenden, Datei speichern	43
5	**Aufbauten (Segelboot)**	**44**
5.1	Bauteil „Rumpf_Segelboot" öffnen	45
5.2	Bugspitze mit einer Kugel versehen	45
5.3	2D-Skizze für Materialschnitt zeichnen	46
5.4	Materialschnitt erzeugen	47
5.5	2D-Skizze für Sitzecke zeichnen	48

	5.6	Bodenbereich der Sitzecke extrudieren	49
	5.7	2D-Skizze reaktivieren, Sitzbereich extrudieren	50
	5.8	Verschieben einer Fläche	51
	5.9	Aufbauten mit Wandstärke versehen	51
	5.10	Sitzbereich abrunden	52
	5.11	2D-Skizze für Ruderhalterung zeichnen	53
	5.12	Ruderhalterung extrudieren	55
	5.13	Ruderhalterung abrunden	55
	5.14	2D-Skizze für Schwert zeichnen	56
	5.15	Schwert extrudieren	57
	5.16	Schwert abrunden	57
	5.17	2D-Skizze für die Masthalterung zeichnen	58
	5.18	Masthalterung als Drehobjekt erzeugen	60
	5.19	Farben zuweisen, Datei speichern und schließen	60
6	**Ruder und Pinne**		**61**
	6.1	Bauteil „Ruder" erstellen	62
	6.2	Basisskizze des Ruders zeichnen	63
	6.3	Ruder extrudieren	64
	6.4	Pinne als Quader erzeugen	64
	6.5	Ruderblatt fasen	65
	6.6	Pinne abrunden	66
	6.7	Pinne mit Gewinde versehen	66
	6.8	Ruderblatt abrunden	67
	6.9	Farben zuweisen, Datei speichern und schließen	67
7	**Schiffsschraube**		**68**
	7.1	Bauteil „Schiffsschraube" erstellen	69
	7.2	Ebenen mit Versatz erzeugen	70
	7.3	Erste 2D-Skizze zeichnen	71

7.4	Zweite 2D-Skizze zeichnen	72
7.5	Dritte 2D-Skizze zeichnen	73
7.6	Flügel der Schiffsschraube als Erhebung erzeugen	74
7.7	Flügel polar anordnen	75
7.8	Zentralen Kugelkopf erzeugen	76
7.9	Antriebswelle mittels Zylinder erzeugen	77
7.10	Farben zuweisen, Datei speichern und schließen	77

8   Mast, Baum und Segel — 78

8.1	Bauteil „Mast_Baum_Segel" erstellen	79
8.2	Basisskizze des Masts zeichnen	80
8.3	Mast extrudieren	81
8.4	Basisskizze des Baums zeichnen	81
8.5	Baum extrudieren	82
8.6	Basisskizze des Segels zeichnen	83
8.7	Segel als Flächenelement (Umgrenzungsfläche) erzeugen	85
8.8	Farben zuweisen, Datei speichern und schließen	85

9   Baugruppe „BG_Speedboot" — 86

9.1	Baugruppe „BG_Speedboot" erzeugen	87
9.2	Bauteile platzieren	88
9.3	„Rumpf_Speedboot" innerhalb der Baugruppe bearbeiten	89
9.4	Bohrung für Antriebswelle in den Rumpf einbringen	89
9.5	Bohrung für Antriebswelle spiegeln	90
9.6	Ausrichtung der Schiffsschraube optimieren	91
9.7	Antriebswelle in Bohrung platzieren	91
9.8	Schiffsschraube spiegeln	93
9.9	Bauteil „Reling" aus Baugruppe heraus erstellen	94
9.10	Erste 2D-Skizze zeichnen	95
9.11	Zweite 2D-Skizze zeichnen	96

9.12	Strebe sweepen	97
9.13	3D-Skizze für Anordnung erstellen	98
9.14	Strebe entlang der Rumpfkante vervielfältigen	98
9.15	2D-Skizze für Handgriff zeichnen, 3D-Skizze reaktivieren	99
9.16	Handgriff sweepen	100
9.17	Reling spiegeln	101
9.18	Farben zuweisen, Datei speichern	102

10 Baugruppe „BG_Segelboot" — **103**

10.1	Kopie der Baugruppe als „BG_Segelboot" speichern	104
10.2	Schiffsschrauben aus Baugruppe entfernen	104
10.3	Reling-Höhe bearbeiten	104
10.4	„Rumpf_Speedboot" durch „Rumpf_Segelboot" ersetzen	105
10.5	Bauteil „Mast_Baum_Segel" und „Ruder" platzieren	106
10.6	Mast platzieren	106
10.7	Ruder am Heck befestigen	107
10.8	Baugruppe sichern	108

11 Rendern — **109**

12 Schlusswort — **110**

13 Index — **111**

14 Befehlsübersicht — **116**

1 Einleitung

1.1 Inhalt

Dieses Buch ist ein Tutorial für **Autodesk® Inventor® 2013**. Anhand eines komplexen Übungsbeispiels lernt der Leser den Umgang mit dem Programm.

1.2 Befehle

Die folgenden Programmbefehle werden verwendet:

2D- und 3D-Skizzenbereich

- Abhängigkeiten
- Bemaßung
- Block erstellen
- Bogen (drei Punkte)
- Drehen
- Ellipse
- Geometrie einschließen/ projizieren
- Konstruktion
- Kreis (Mittelpunkt)
- Linie
- Punkt
- Rechteck
- Stutzen
- Versatz

Bauteilbereich

- 2D-Skizze erstellen
- 3D-Skizze erstellen
- Bohrung
- Drehung
- Erhebung
- Extrusion
- Farben zuweisen
- Fasen
- Fläche verschieben
- Gewinde
- Kugel
- Lüftungsöffnung
- Quader
- Rechteckige Anordnung
- Rippe
- Runde Anordnung
- Rundung
- Spiegeln
- Sweeping
- Trennen
- Umgrenzungsfläche
- Versatz von Ebene
- Wandstärke
- Zylinder

Baugruppenbereich

- Abhängig machen
- Ersetzen durch
- Erstellen
- Platzieren
- Spiegeln

1.3 Projektordner erstellen

Vor der Arbeit im eigentlichen Programm sollte auf dem PC ein neuer Ordner erstellt werden. Dieser Ordner wird als Projektordner dienen, in dem alle Komponenten dieser Projektarbeit gesichert werden. Erstellen Sie an geeignetem Speicherort einen neuen Ordner mit der Bezeichnung „*Inventor-2013-Hybridjacht*".

1.4 Hilfedatei des Programms

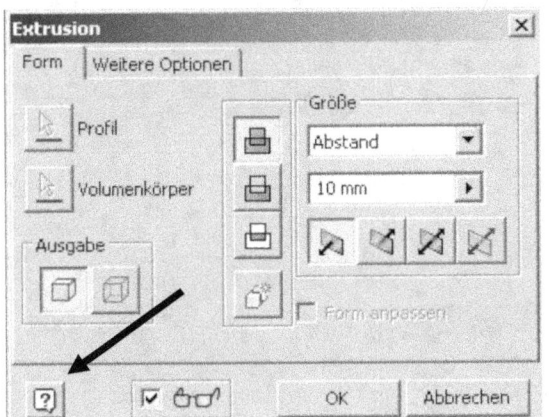

Das Programm beinhaltet eine umfassende Hilfedatei. Zusätzlich zu den Hilfen und Anmerkungen in diesem Buch kann diese zur Klärung offener Fragen verwendet werden. Achten Sie auf das kleine [?] *Fragezeichen* in den Befehlen des 3D-Bereiches. Hier gelangen Sie automatisch in den entsprechenden Bereich der Hilfe. Bei manchen Befehlen (zum Beispiel im 2D-Bereich) ist dieser Button nicht verfügbar. Hier kann alternativ die Taste „*F1*" verwendet werden.

Die Hilfedatei greift automatisch auf das Internet zu, sofern das Programm eine Zugriffsberechtigung auf eine vorhandene Internetleitung besitzt. Sollte kein konstanter Internetzugang vorhanden sein, kann alternativ eine vollständige Hilfedatei kostenlos von der Autodesk-Website geladen werden (*http://www.autodesk.com/inventor-2013-help-download-deu*). Sobald diese installiert wurde, greift das Programm automatisch auf die lokale Hilfe zurück.

1.5 Kostenlose Programmversion

Eine Testversion (30 Tage) des Programms kann kostenlos unter dem Link *http://www.autodesk.de/adsk/servlet/download/item?siteID=403786&id=18975589* heruntergeladen werden.

Studenten haben die Möglichkeit, eine kostenlose Vollversion zu erhalten. Hierfür muss unter *https://students.autodesk.com/?nd=register* ein Account angelegt werden.

Unter *http://students.autodesk.com/?nd=download_center* kann die Software anschließend geladen werden.

Starten Sie das Programm *Autodesk® Inventor® 2013*.

2 Einzelbenutzer-Projekt erzeugen

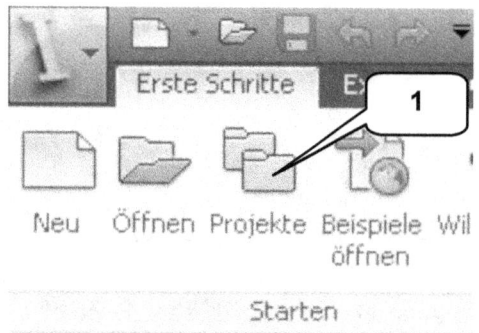 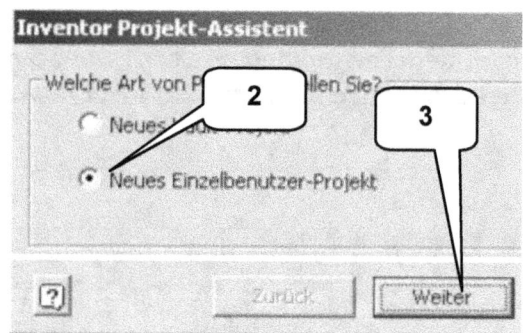

- **Projekte** (1)
- Option: Neues Einzelbenutzer-Projekt (2)
- **Weiter** (3)

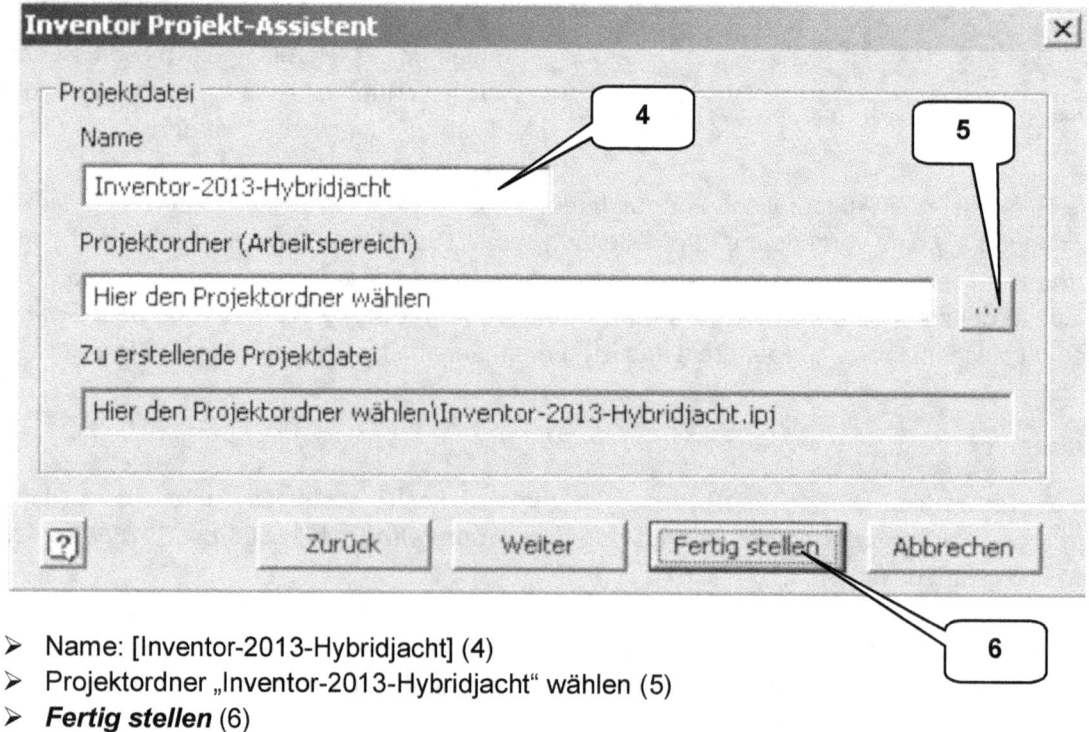

- Name: [Inventor-2013-Hybridjacht] (4)
- Projektordner „Inventor-2013-Hybridjacht" wählen (5)
- **Fertig stellen** (6)

 ○ ○ • Als Projektordner ist der Ordner zu verwenden, der vorher auf Ihrem PC als Übungsordner erstellt worden ist.

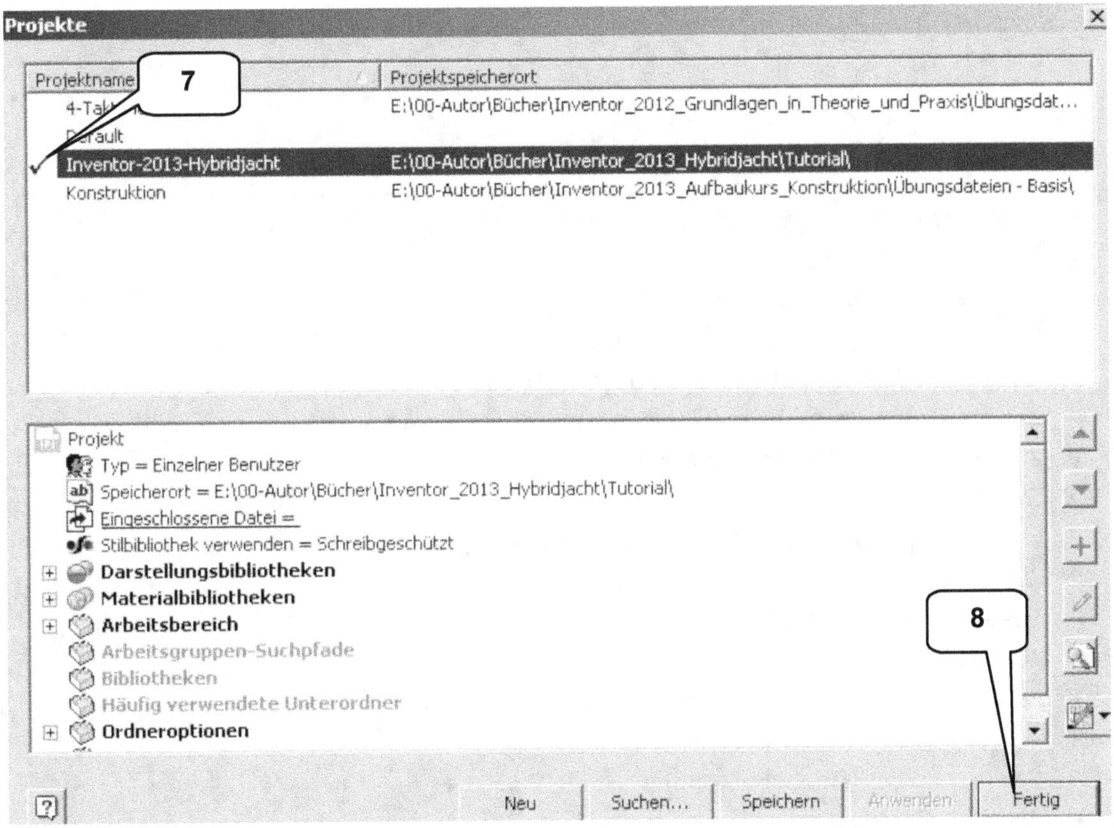

Projekterstellung

- Projekt „Inventor-2013-Hybridjacht" wurde erzeugt und aktiviert (7)
- **Fertig** (8)

 Die Erstellung eines Projektes vor jeder neuen Konstruktion ist dringend anzuraten, um ein sauberes und strukturiertes Arbeiten mit dem Programm zu ermöglichen! Jedes Projekt legt eine Projektdatei an, in welcher alle zum Projekt gehörenden Referenzen gespeichert werden. Das gesamte Projekt kann dann später ohne Datenverlust kopiert oder archiviert werden.

3 Basisrumpf

Agenda

- Bauteildatei „Rumpf_Speedboot" erstellen
- Ebenen mit Versatz erzeugen
- XY-Ebene sichtbar machen
- 2D-Skizze auf 4. Arbeitsebene erzeugen
- Achsen projizieren und als Konstruktionsobjekte definieren
- Zeichnen der ersten Linien mittels dynamischer Werteeingabe
- 2D-Skizze auf 3. Arbeitsebene erzeugen
- Skizze ausblenden, Hauptachsen projizieren
- Linienkonturen zeichnen, bemaßen und abhängig machen
- 2D-Skizze auf 2. Arbeitsebene erzeugen
- 2D-Skizze auf 1. Arbeitsebene erzeugen
- 2D-Skizze auf XY-Ebene erzeugen
- 2D-Skizzen einblenden, Ebenen ausblenden
- Erheben des Volumenkörpers
- Volumenkörper variabel abrunden
- Volumenkörper spiegeln

3.1 Bauteil „Rumpf_Speedboot" erstellen

- **Neu** (1)
- Templates (2)
- Bauteil: Norm.ipt (3)
- **Erstellen** (4)

- **Speichern** (5)
- Dateiname: [Rumpf_Speedboot] (6)
- **Speichern** (7)

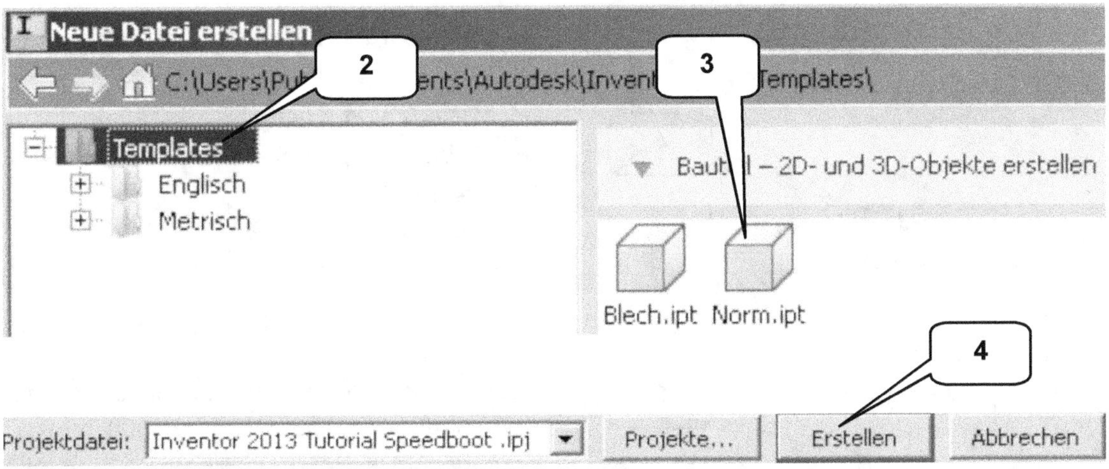

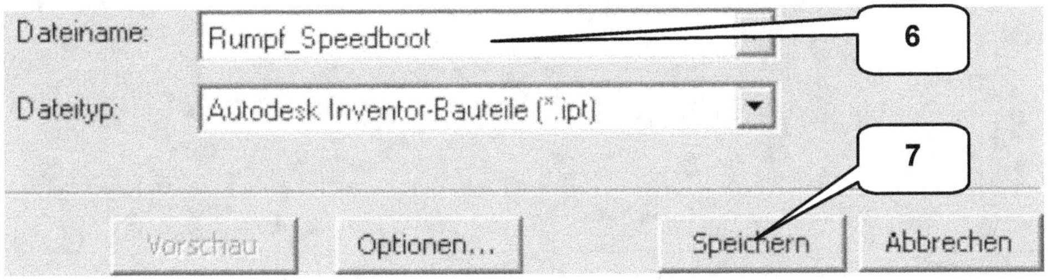

3.2 Ebenen mit Versatz erzeugen

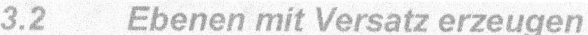

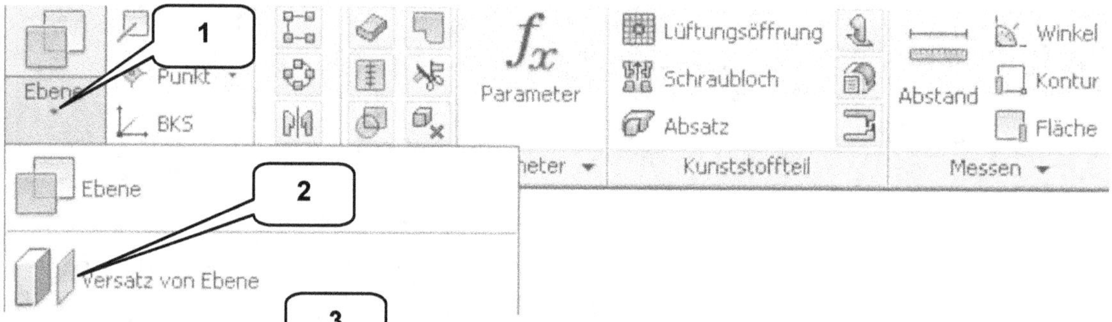

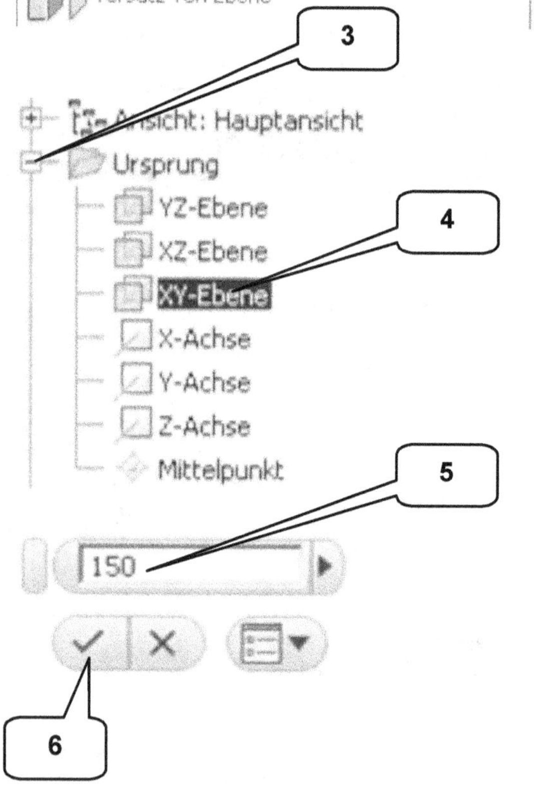

- Befehlsgruppe „Ebenen" erweitern (1)
- **Versatz von Ebene** (2)
- Ordner „Ursprung" im Modellbaum erweitern (3)
- XY-Ebene wählen (4)
- Versatzwert: [150] mm (5)
- **OK** (6)

Drei weitere Ebenen sind anschließend mit den Abständen 300, 450 und 600 mm zu erzeugen. Als Referenzebene ist ebenfalls die XY-Ebene des Ordners „Ursprung" zu verwenden.

 Einige der Befehlsgruppen sind standardmäßig ausgeblendet und müssen manuell eingeblendet werden. Hierfür mit der rechten Maustaste auf einen beliebigen Bereich der Befehlsleiste klicken und die betreffenden Befehlsgruppen mit der Option „Gruppen anzeigen" ein- oder ausblenden.

XY-Ebene sichtbar machen

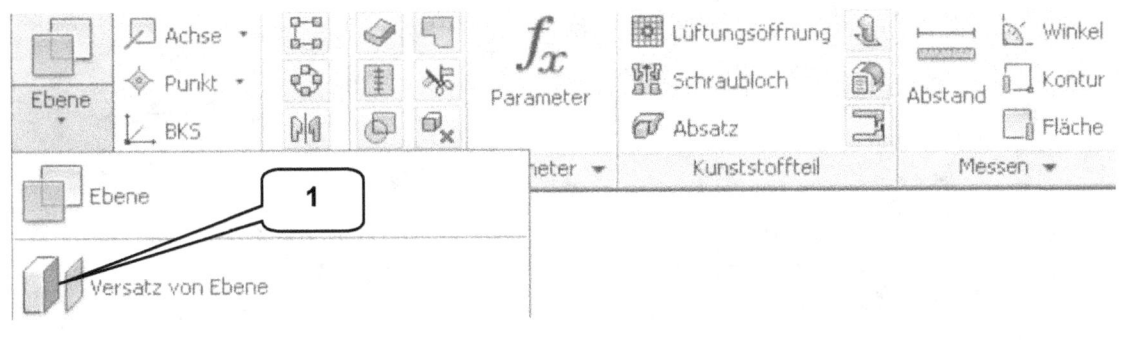

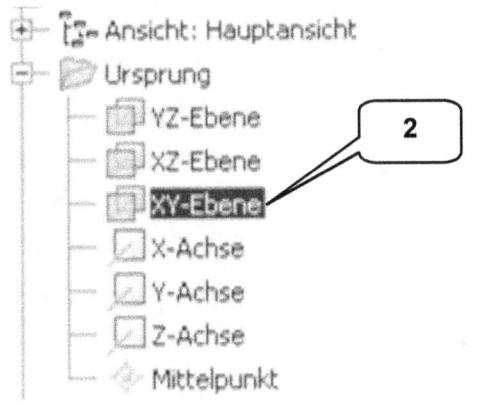

- **Versatz von Ebene** (1)
- XY-Ebene wählen (2)
- Versatzwert: [300] mm (3)
- **OK** (4)

- **Versatz von Ebene** (1)
- XY-Ebene wählen (2)
- Versatzwert: [450] mm (5)
- **OK** (6)

- **Versatz von Ebene** (1)
- XY-Ebene wählen (2)
- Versatzwert: [600] mm (7)
- **OK** (8)

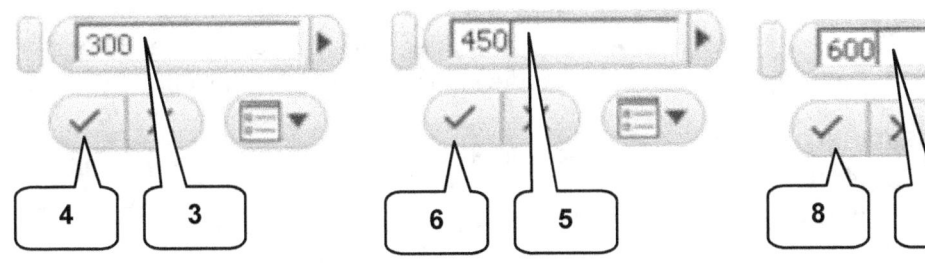

3.3 XY-Ebene sichtbar machen

Die vier neu erzeugten Ebenen sind jetzt sichtbar und können verwendet werden. Die XY-Ebene soll ebenfalls sichtbar gemacht werden. Hierfür muss im Modellbaum mit der rechten Maustaste auf die XY-Ebene (2) geklickt und die Option „Sichtbarkeit" aktiviert werden.

3.4 2D-Skizze auf 4. Arbeitsebene erzeugen

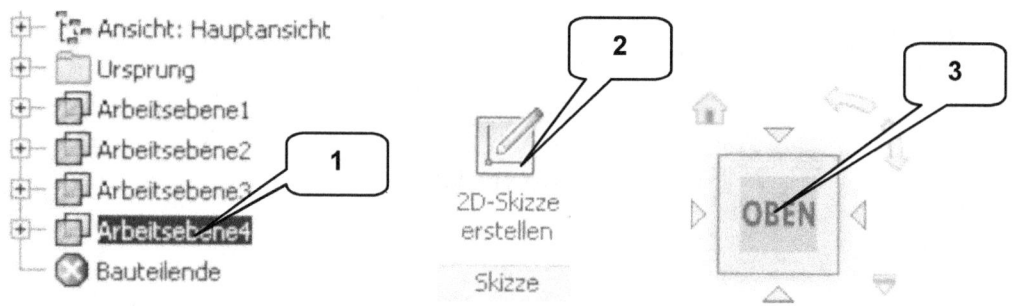

> „Arbeitsebene4" im Modellbaum markieren (linke Maustaste) (1)

> **2D-Skizze erstellen** (2)
> **ViewCube-Ansicht: OBEN** (3)

3.5 Achsen projizieren und als Konstruktionsobjekte definieren

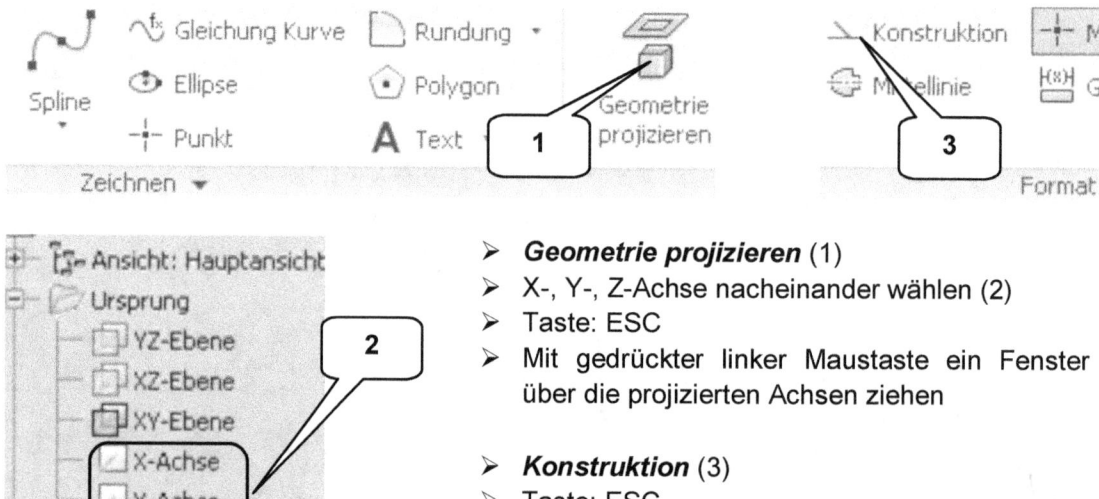

> **Geometrie projizieren** (1)
> X-, Y-, Z-Achse nacheinander wählen (2)
> Taste: ESC
> Mit gedrückter linker Maustaste ein Fenster über die projizierten Achsen ziehen

> **Konstruktion** (3)
> Taste: ESC

 Das Projizieren der drei Hauptachsen sollte bei jeder neuen Skizze durchgeführt werden. Die Achsen können dann als Referenzen verwendet werden, z. B. um Objekte daran auszurichten.

3.6 Zeichnen der ersten Linien mittels dynamischer Werteeingabe

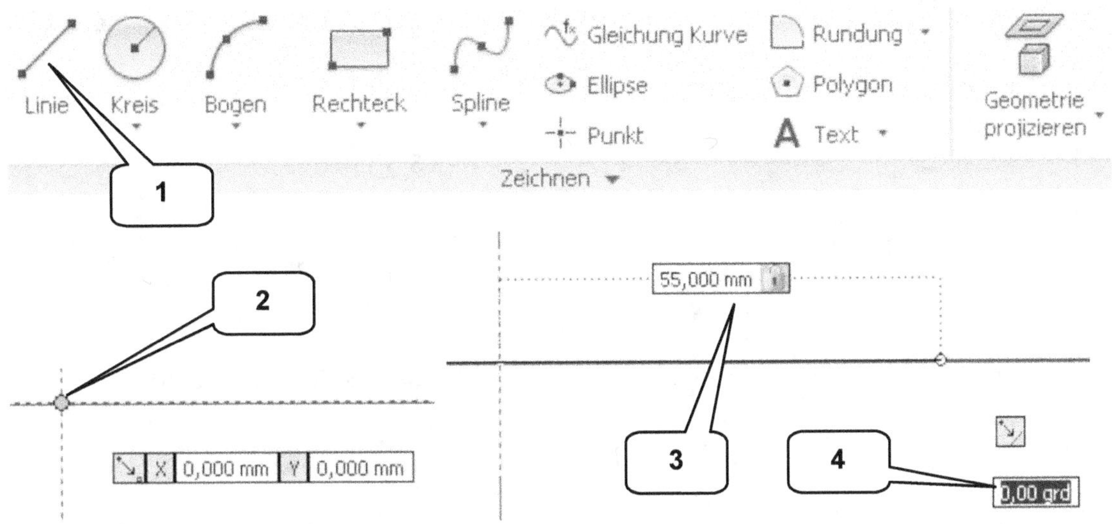

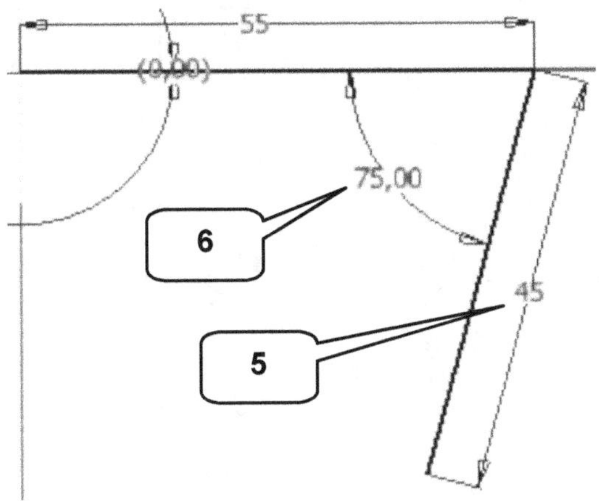

> **Linie** (1)

> 1. Punkt:
> Punkt mit der linken Maustaste im Koordinatenursprung (0, 0) ablegen (2)

> 2. Punkt:
> Länge: [55] mm (3)
> Taste: TAB
> Maus unterhalb X-Achse ziehen
> Winkel: [0] Grad (4)
> Taste: ENTER

> 3. Punkt:
> Länge: [45] mm (5)
> Taste: TAB
> Maus unterhalb X-Achse ziehen
> Winkel: [75] Grad (6)
> Taste: ENTER

Mit der Taste „TAB" gelangt man in den Eingabebereich der Koordinaten/ Werte. Bei der Winkeleingabe muss auf die Position des Mauspfeils geachtet werden. Je nach Lage des Mauspfeils ändern sich Richtung und Winkel der Linie.

2D-Skizze auf 3. Arbeitsebene erzeugen

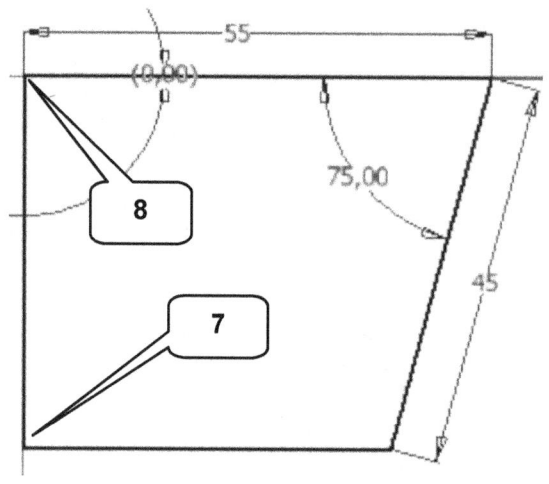

- ➢ 4. Punkt:
- ➢ Maus waagerecht nach links ziehen und mit der linken Maustaste (lotrecht) auf der Y-Achse ablegen (7)

- ➢ 5. Punkt:
- ➢ Erneut auf den 4. Punkt klicken (7)
- ➢ 5. Punkt im Koordinatenursprung ablegen (8)
- ➢ Taste: ESC

- ➢ **Skizze fertig stellen** (9)

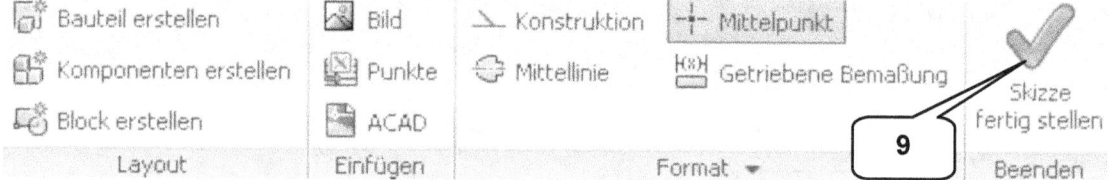

3.7 2D-Skizze auf 3. Arbeitsebene erzeugen

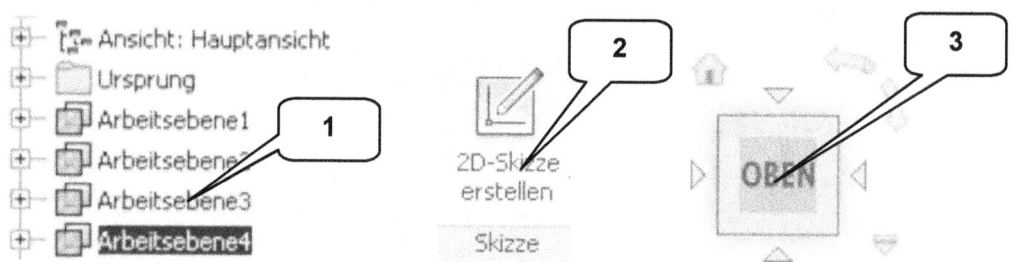

- ➢ „Arbeitsebene3" im Modellbaum markieren (1)

- ➢ **2D-Skizze erstellen** (2)
- ➢ **ViewCube-Ansicht: OBEN** (3)

3.8 1. Skizze ausblenden, Hauptachsen projizieren

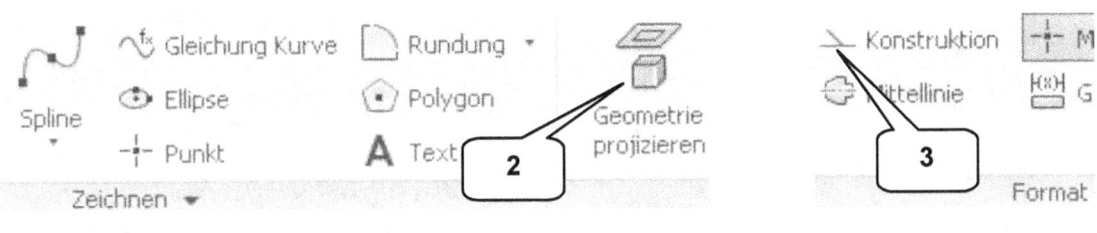

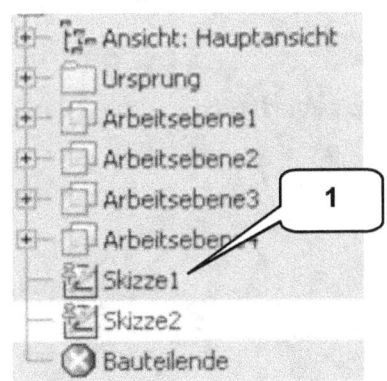

- „Skizze1" im Modellbaum markieren (1)
- Mit rechter Maustaste darauf klicken
- Bei „Sichtbarkeit" den Haken entfernen

- **Geometrie projizieren** (2)
- X-, Y-, Z-Achse nacheinander wählen
- Taste: ESC
- Fenster über projizierte Achsen ziehen

- **Konstruktion** (3)
- Taste: ESC

3.9 Linienkonturen zeichnen, bemaßen und abhängig machen

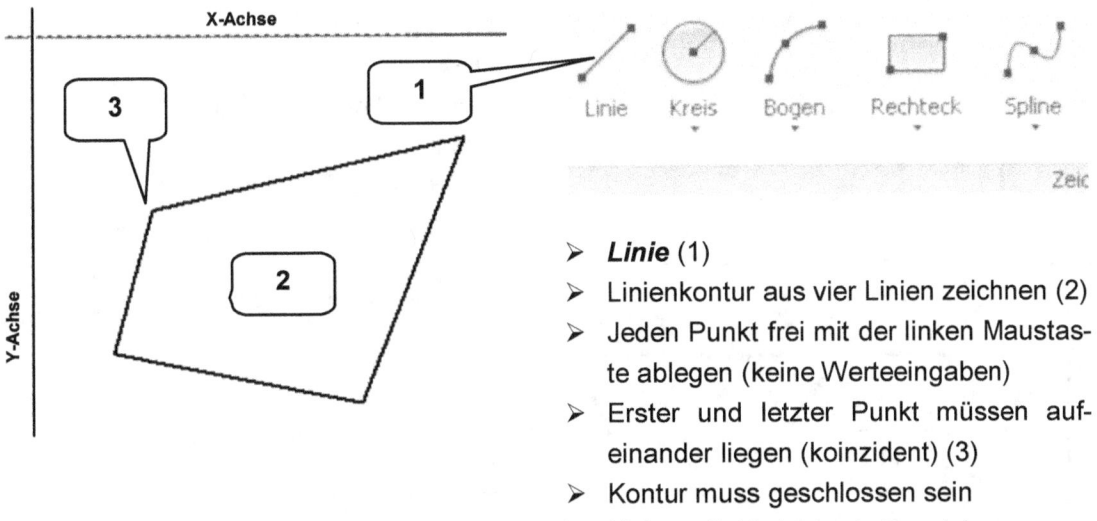

- **Linie** (1)
- Linienkontur aus vier Linien zeichnen (2)
- Jeden Punkt frei mit der linken Maustaste ablegen (keine Werteeingaben)
- Erster und letzter Punkt müssen aufeinander liegen (koinzident) (3)
- Kontur muss geschlossen sein
- Linien mit Absicht schräg zeichnen

Linienkonturen zeichnen, bemaßen und abhängig machen

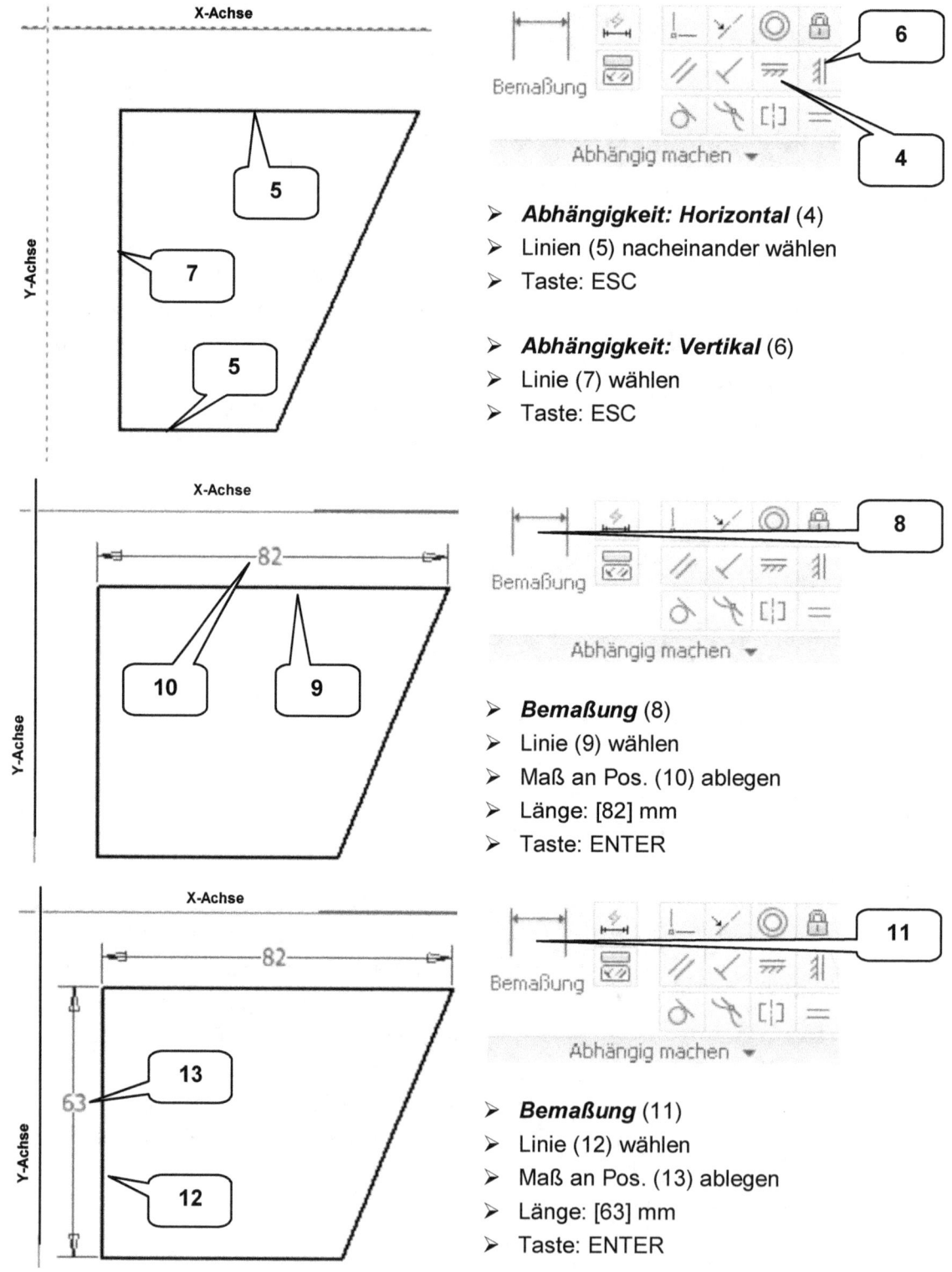

- **Abhängigkeit: Horizontal** (4)
- Linien (5) nacheinander wählen
- Taste: ESC

- **Abhängigkeit: Vertikal** (6)
- Linie (7) wählen
- Taste: ESC

- **Bemaßung** (8)
- Linie (9) wählen
- Maß an Pos. (10) ablegen
- Länge: [82] mm
- Taste: ENTER

- **Bemaßung** (11)
- Linie (12) wählen
- Maß an Pos. (13) ablegen
- Länge: [63] mm
- Taste: ENTER

2D-Skizze auf 2. Arbeitsebene erzeugen

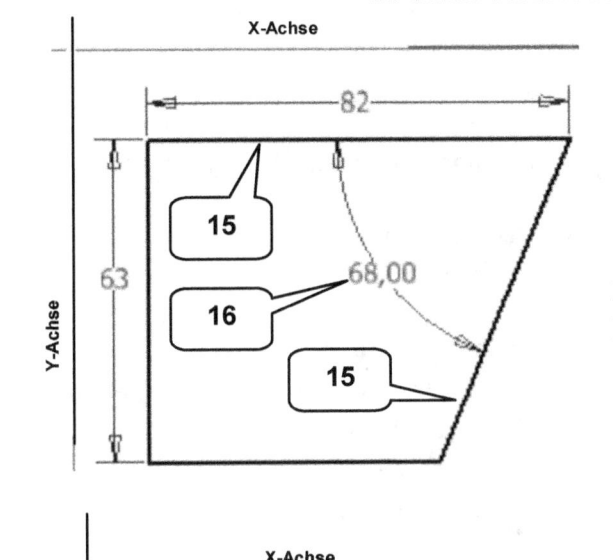

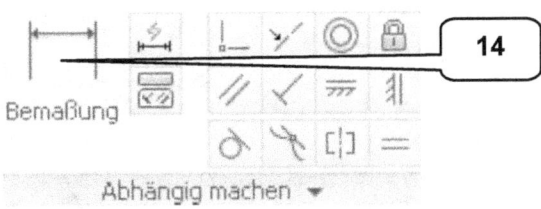

> *Bemaßung* (14)
> Linien (15) nacheinander wählen
> Maß an Pos. (16) ablegen
> Winkel: [68] Grad
> Taste: ENTER
> Taste: ESC

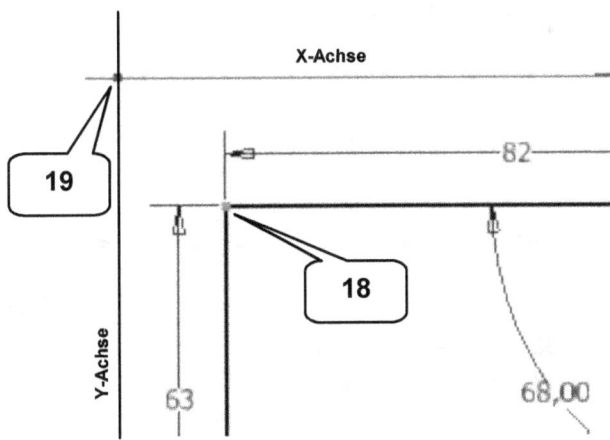

> *Abhängigkeit: Koinzident* (17)
> Punkt (18) wählen
> Punkt (19) wählen (Koordinatenurspr.)
> Taste: ESC

> *Skizze fertig stellen*

3.10 2D-Skizze auf 2. Arbeitsebene erzeugen

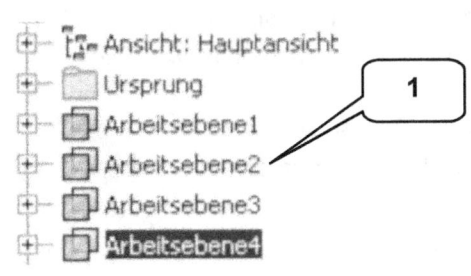

> „Arbeitsebene2" im Modellbaum markieren (1)

> *2D-Skizze erstellen*
> *ViewCube-Ansicht: OBEN*

> „Skizze2" im Modellbaum markieren
> Mit rechter Maustaste darauf klicken
> Bei „Sichtbarkeit" den Haken entfernen

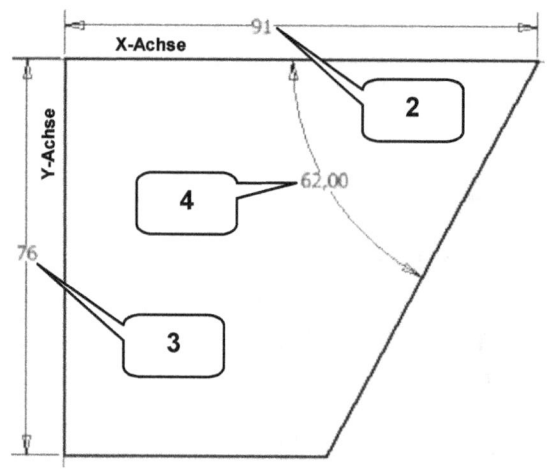

- **Geometrie projizieren**
- X-, Y-, Z-Achse nacheinander wählen
- Taste: ESC
- Fenster über projizierte Linien ziehen

- **Konstruktion**
- Taste: ESC

- **Linie, Bemaßung**
- Geschl. Kontur zeichnen und bemaßen
- 1. Länge: [91] mm (2)
- 2. Länge: [76] mm (3)
- 3. Winkel: [62] Grad (4)

- **Skizze fertig stellen**

3.11 2D-Skizze auf 1. Arbeitsebene erzeugen

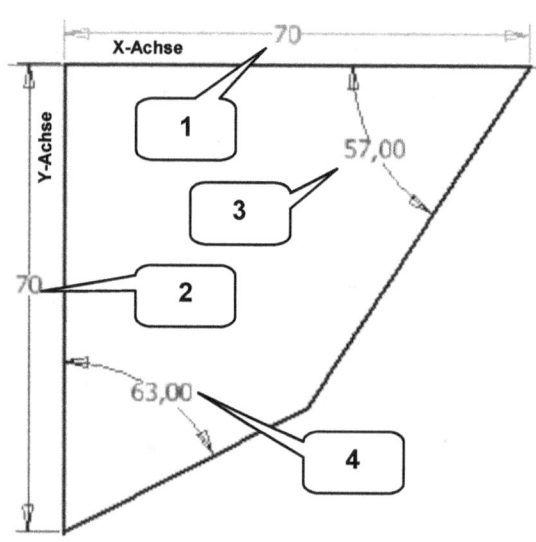

- „Arbeitsebene1" im Modellbaum markieren

- **2D-Skizze erstellen**
- **ViewCube-Ansicht: OBEN**

- Sichtbarkeit von „Skizze3" entfernen

- **Geometrie projizieren**
- X-, Y-, Z-Achse projizieren
- Taste: ESC
- Fenster über projizierte Linien ziehen und Linien als **Konstruktion** definieren

- **Linie, Bemaßung**
- Geschl. Kontur zeichnen und bemaßen
- 1. Länge: [70] mm (1)
- 2. Länge: [70] mm (2)
- 3. Winkel: [57] Grad (3)
- 4. Winkel: [63] Grad (4)

- **Skizze fertig stellen**

3.12 2D-Skizze auf XY-Ebene erzeugen

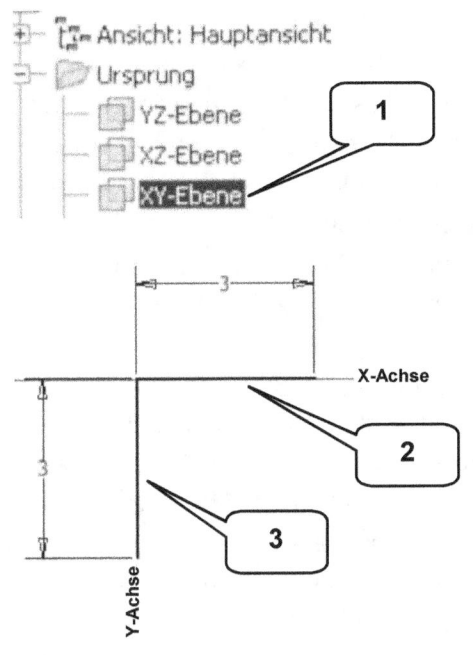

- „XY-Ebene" im Modellbaum markieren (1)

- *2D-Skizze erstellen*
- *ViewCube-Ansicht: OBEN*

- Sichtbarkeit von „Skizze4" entfernen

- *Geometrie projizieren*
- X-, Y-, Z-Achse projizieren
- Taste: ESC
- Fenster über projizierte Linien ziehen und Linien als **Konstruktion** definieren

- *Linie, Bemaßen*
- Kontur zeichnen und bemaßen
- 1. Linie [3] mm (2)
- 2. Linie: [3] mm (3)

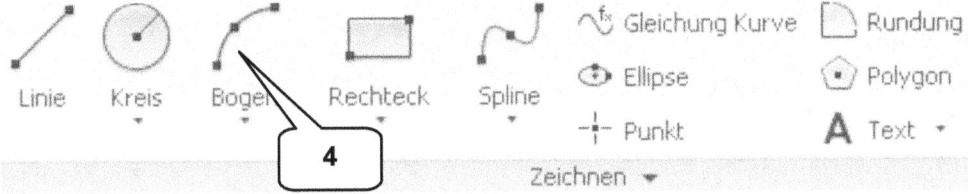

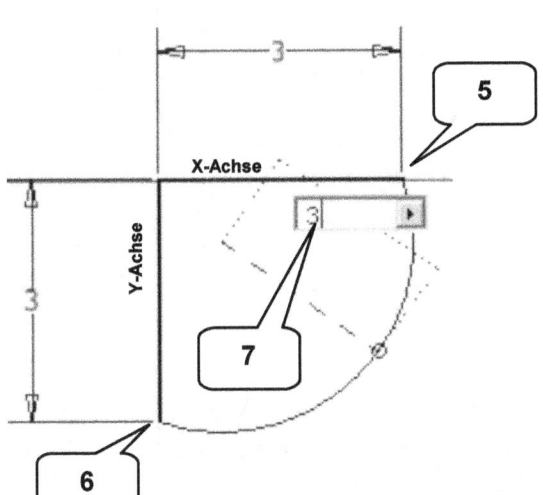

- *Bogen durch drei Punkte* (4)
- 1. Punkt wählen (5)
- 2. Punkt wählen (6)
- Wert für Radius: [3] mm (7)
- Taste: ENTER
- Taste: ESC

- *Skizze fertig stellen*

3.13 2D-Skizzen einblenden, Ebenen ausblenden

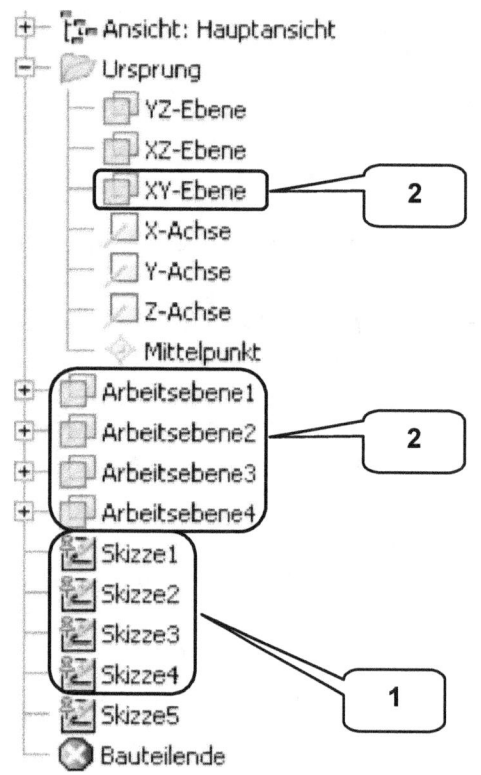

- Skizzen einblenden:
- Skizze 1 bis 4 im Modellbaum bei gedrückter Taste „STRG" und linker Maustaste nacheinander markieren (1)
- Mit rechter Maustaste auf eine der markierten Skizzen klicken
- Haken bei „Sichtbarkeit" setzen (alle 5 Skizzen sollten jetzt sichtbar sein)

- Ebenen ausblenden:
- XY-Ebene und Arbeitsebenen 1 bis 4 im Modellbaum bei gedrückter Taste „STRG" und linker Maustaste nacheinander markieren (2)
- Mit rechter Maustaste auf eine der markierten Ebenen klicken
- Haken bei „Sichtbarkeit" entfernen (alle Ebenen sollten ausgeblendet sein)

3.14 Volumenkörper als Erhebung erzeugen

 Mit dem Befehl „Erhebung" können (geschlossene) Konturen aus mehreren 2D-Skizzen miteinander verbunden werden. Als Resultat entsteht ein einheitlicher Volumen-/ Flächenkörper.

Volumenkörper abrunden (variable Rundung)

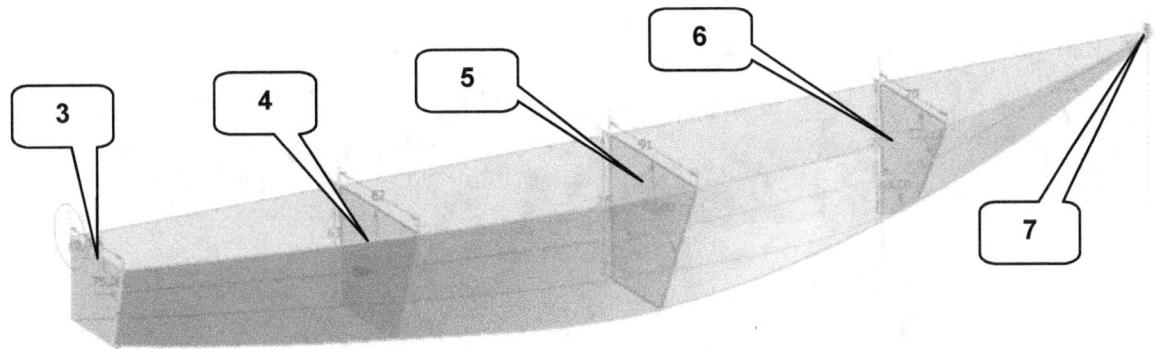

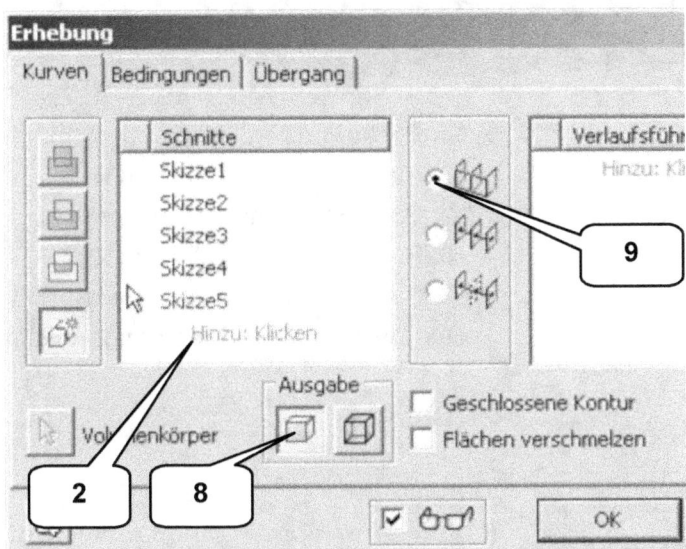

- ➢ **Erhebung** (1)
- ➢ Hinzu: Klicken (2)
- ➢ „Skizze1" wählen (3)
- ➢ „Skizze2" wählen (4)
- ➢ „Skizze3" wählen (5)
- ➢ „Skizze4" wählen (6)
- ➢ „Skizze5" wählen (7)
- ➢ Option: Volumenkörper (8)
- ➢ Option: Verlaufsführung (9)
- ➢ **OK**

3.15 Volumenkörper abrunden (variable Rundung)

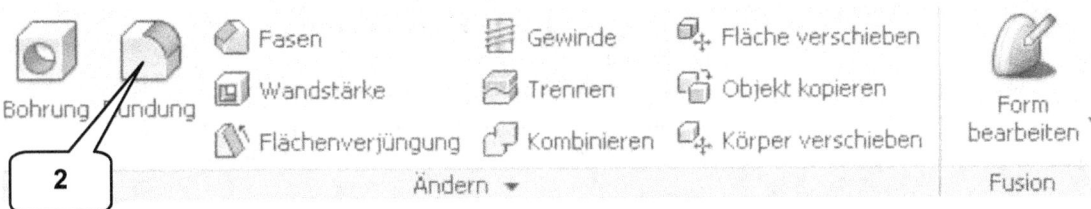

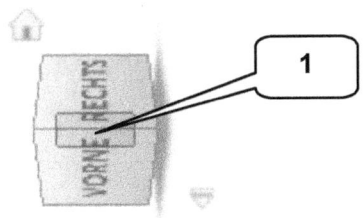

- ➢ **ViewCube-Ansicht:** Kante zwischen **VORNE** und **RECHTS** (1)

Volumenkörper abrunden (variable Rundung)

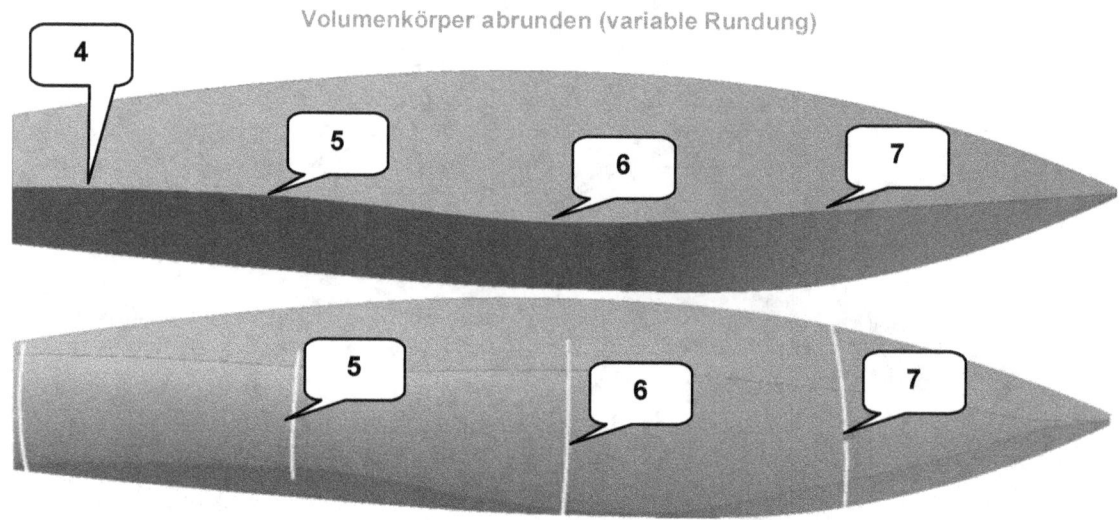

- **Rundung** (2)
- Reiter: Variabel (3)
- Kante am Volumenkörper wählen (4)
- 1. Punkt auf Kante setzen (5)
- 2. Punkt auf Kante setzen (6)
- 3. Punkt auf Kante setzen (7)
- Startpunkt-Radius: [50] mm (8)
- Endpunkt-Radius: [3] mm (9)
- 1. Punkt-Radius: [50] mm (10)

- 1. Punkt-Position: [0,25] mm (10)
- 2. Punkt-Radius: [75] mm (11)
- 2. Punkt-Position: [0,5] mm (11)
- 3. Punkt-Radius: [100] mm (12)
- 3. Punkt-Position: [0,75] mm (12)
- Aktivieren: Radiusübergang glätten (13)
- **OK**

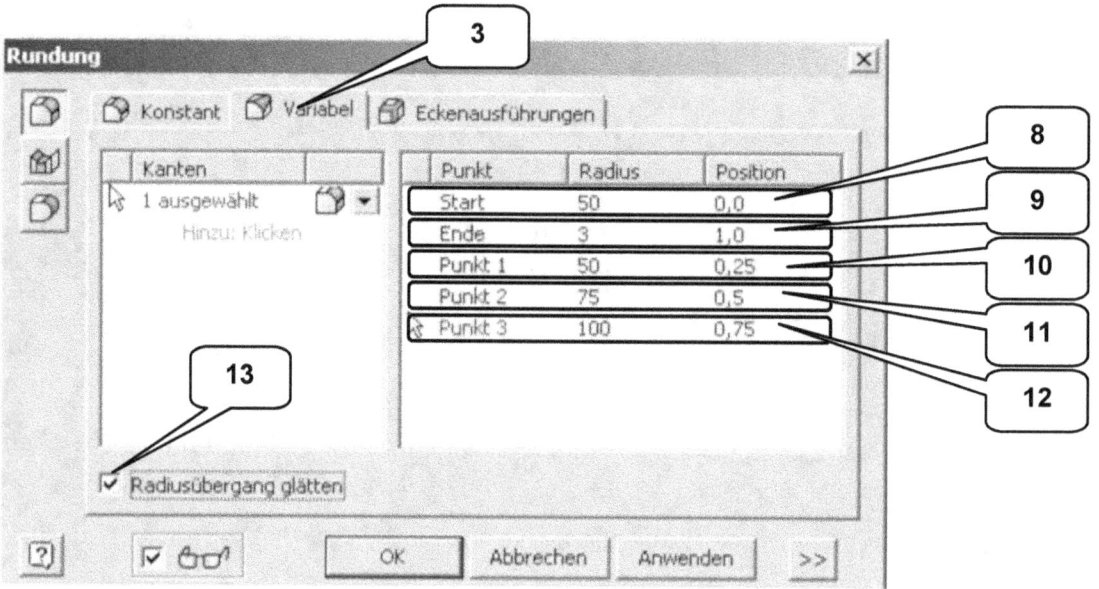

3.16 Volumenkörper spiegeln

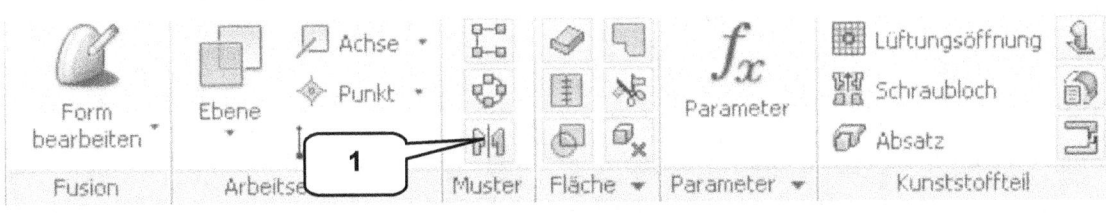

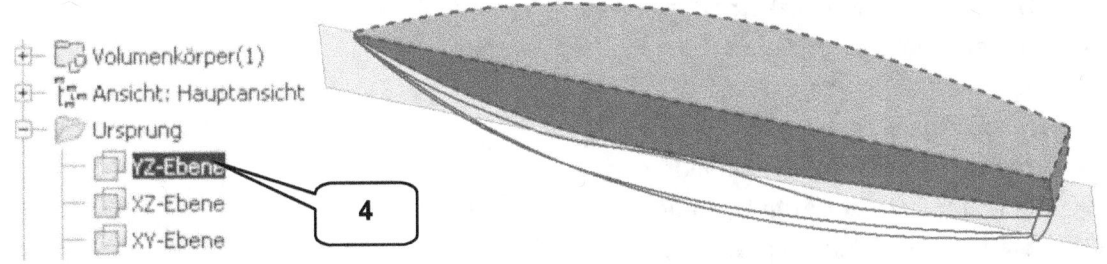

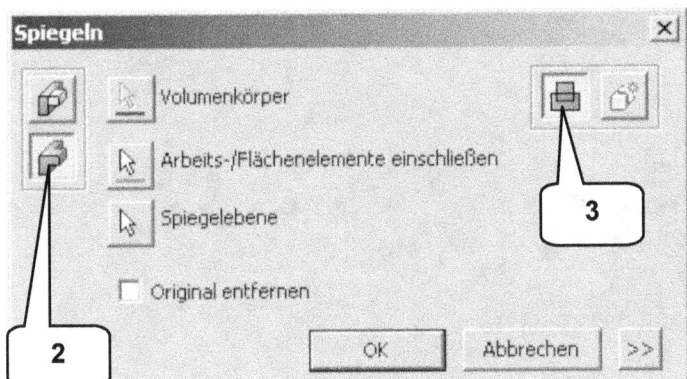

- **Spiegeln** (1)
- Option: Volumenkörper (2)
- Option: Vereinigung (3)
- Spiegelebene: YZ-Ebene (4)
- **OK**

Ein freies Drehen der Ansicht kann auch durch ein Bewegen der Maus bei gedrückter Taste „SHIFT", in Kombination mit der mittleren Maustaste (Scrollrad) erfolgen.

4 Aufbauten (Speedboot)

Agenda

- 2D-Skizze für Basiskörper zeichnen
- Basiskörper extrudieren
- 2D-Skizze für Differenzkörper zeichnen
- Differenzkörper extrudieren
- Aufbauten abrunden
- Trennebene erzeugen
- Volumenkörper in zwei Hälften trennen
- Kopie der Datei als „Rumpf_Segelboot" speichern
- Aufbauten mit Wandstärke versehen
- Ebene für neue 2D-Skizze erzeugen
- 2D-Skizze für Lüftungsöffnungen zeichnen
- Lüftungsöffnung einfügen
- Bugspitze mit Kugel versehen
- Ebene für neue 2D-Skizze erzeugen
- 2D-Skizze für Dachverstrebung zeichnen
- Dachverstrebung als Rippe erzeugen
- Spiegeln der Dachverstrebung
- 2D-Skizze für Fensteraussparungen erzeugen
- Fensteraussparungen extrudieren
- Farben zuweisen
- Sichtbarkeit der Ebenen entfernen, Datei speichern

4.1 2D-Skizze für Basiskörper zeichnen

- Fläche markieren (1)

- **2D-Skizze** (2)

- **Geometrie projizieren** (3)
- 3 Kanten nacheinander wählen (4)
- Taste: ESC
- Fenster über gesamten Rumpf ziehen

- **Konstruktion** (5)
- Taste: ESC

- **Versatz** (6)
- Kante (7) wählen, auf Pos. (8) ablegen

- **Bemaßung** (9)
- Linien (10) nacheinander wählen
- Maß an Pos. (11) ablegen
- Wert: [30] mm
- Taste: ESC

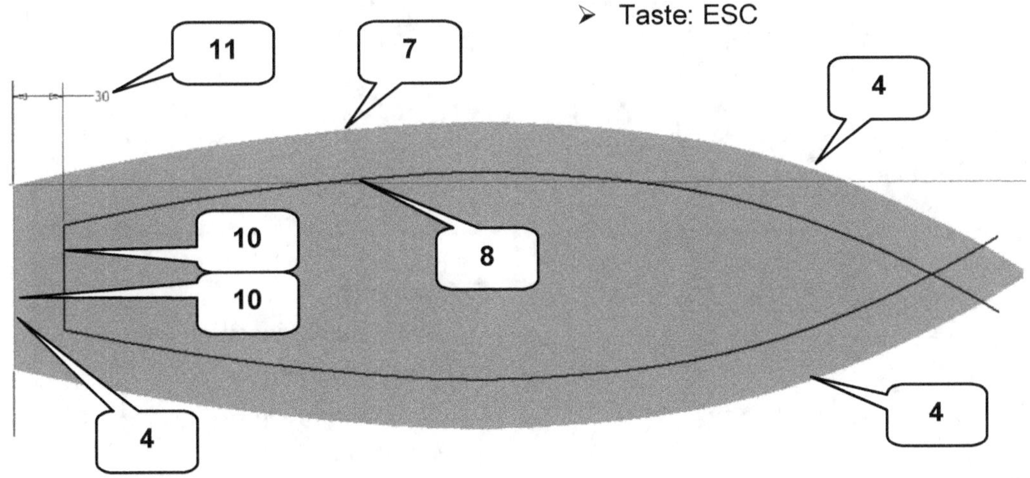

Mit dem Befehl „Geometrie projizieren" können einzelne Kanten projiziert werden, oder alle angrenzenden Kanten einer Fläche. Hierfür muss dann die Fläche selbst gewählt werden.

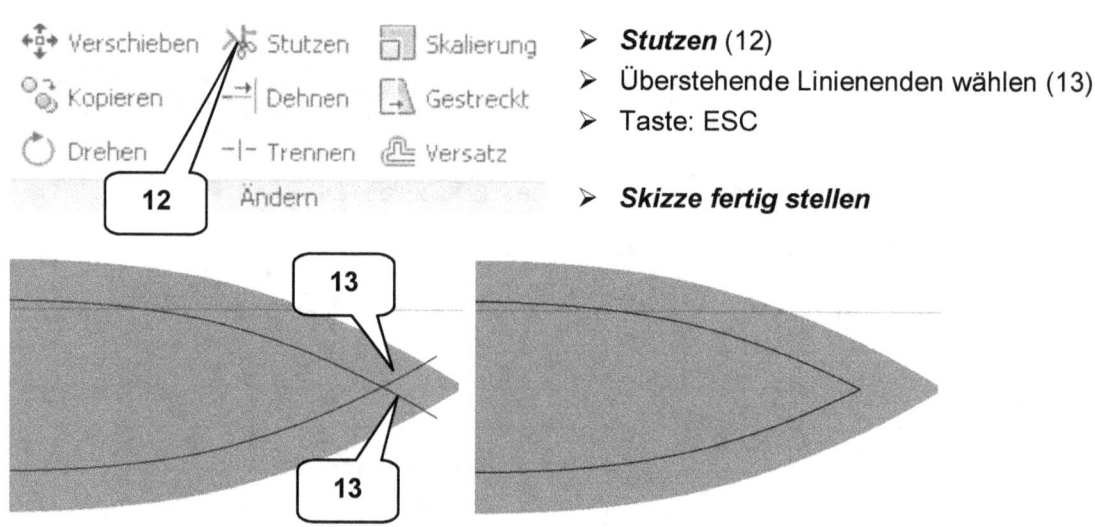

- **Stutzen** (12)
- Überstehende Linienenden wählen (13)
- Taste: ESC
- **Skizze fertig stellen**

4.2 Basiskörper extrudieren

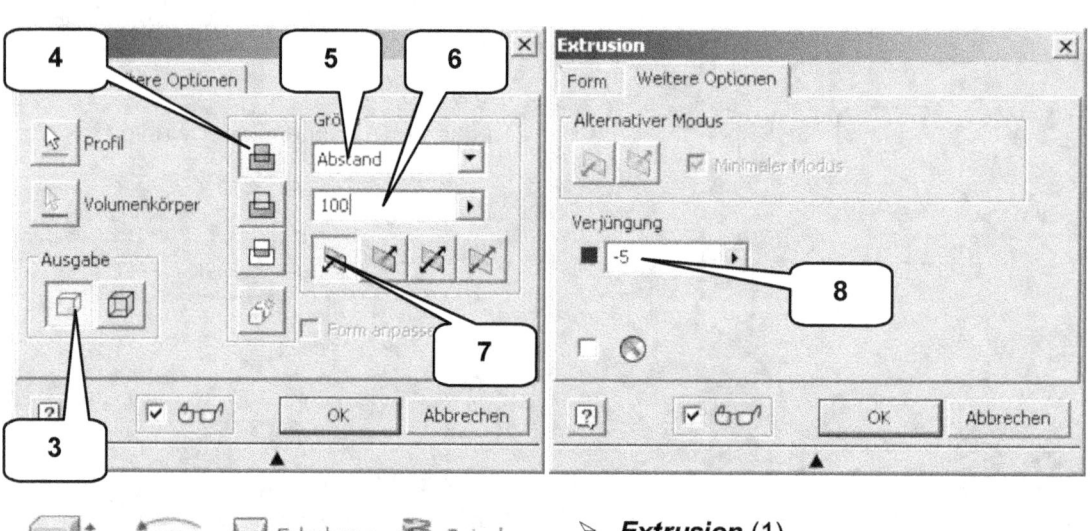

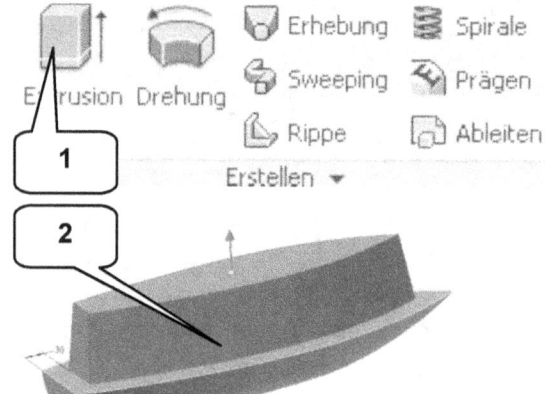

- **Extrusion** (1)
- Profil wird automatisch erkannt (2)
- Ausgabe: Volumenkörper (3)
- Option: Vereinigung (4)
- Größe: Abstand (5)
- Wert: [100] mm (6)
- Richtung: 1 (7)
- Reiter: Weitere Optionen:
- Verjüngung: [-5] Grad (8)
- **OK**

4.3 2D-Skizze für Differenzkörper zeichnen

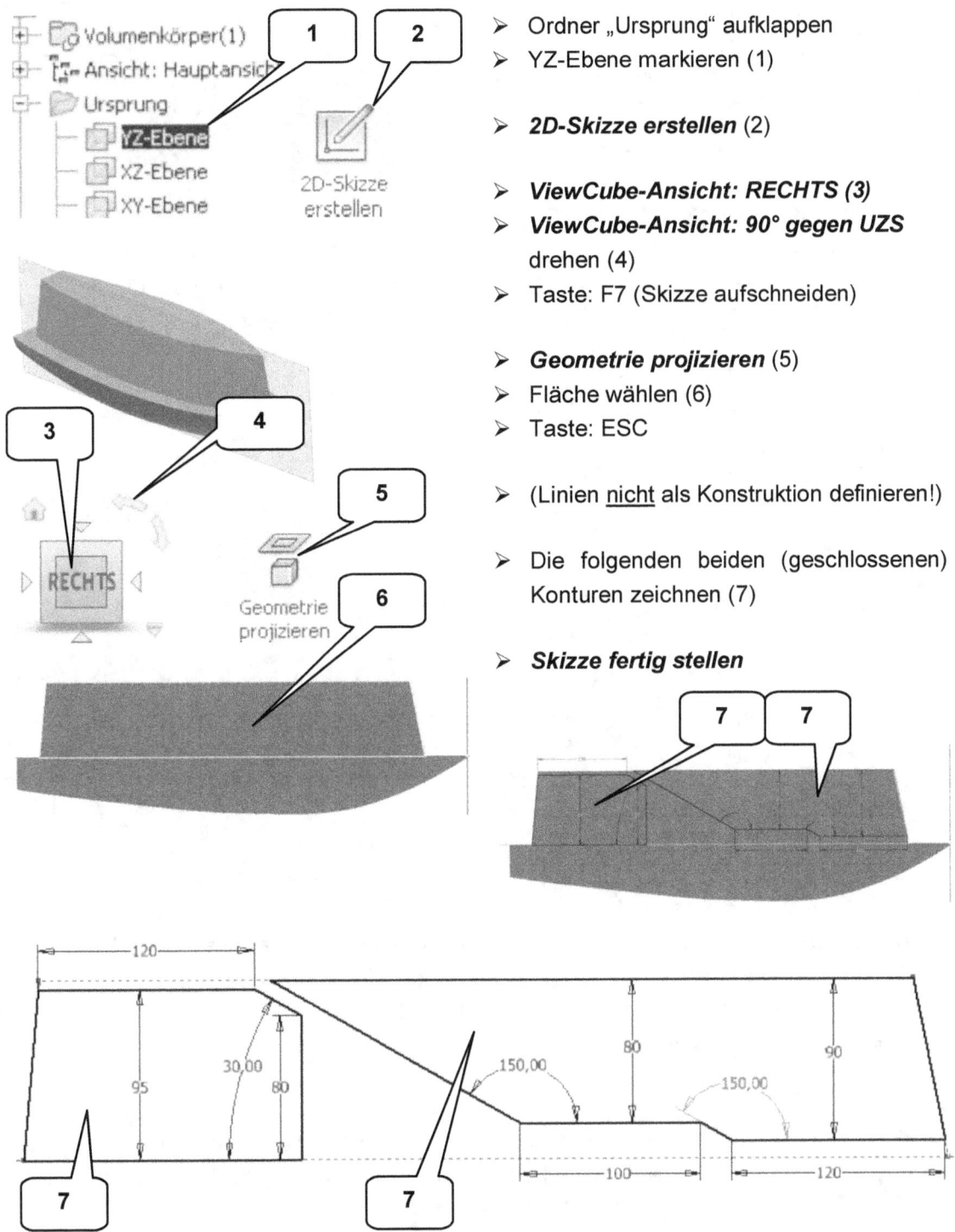

- Ordner „Ursprung" aufklappen
- YZ-Ebene markieren (1)

- ***2D-Skizze erstellen*** (2)

- ***ViewCube-Ansicht: RECHTS (3)***
- ***ViewCube-Ansicht: 90° gegen UZS*** drehen (4)
- Taste: F7 (Skizze aufschneiden)

- ***Geometrie projizieren*** (5)
- Fläche wählen (6)
- Taste: ESC

- (Linien nicht als Konstruktion definieren!)

- Die folgenden beiden (geschlossenen) Konturen zeichnen (7)

- ***Skizze fertig stellen***

4.4 Differenzkörper extrudieren

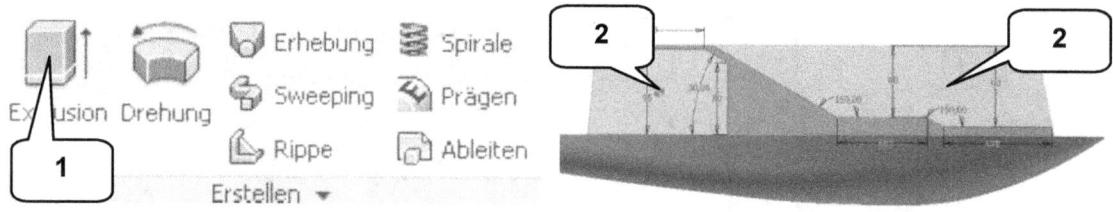

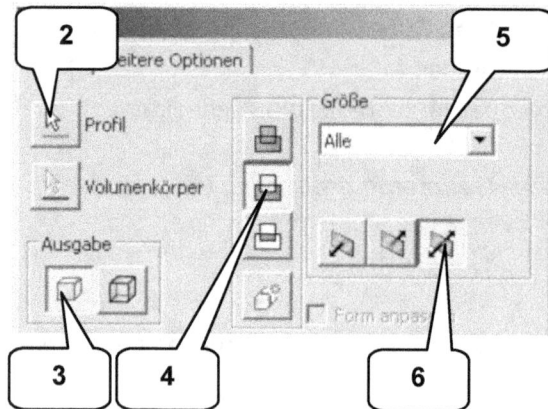

- **Extrusion** (1)
- Beide Profile wählen (2)
- Ausgabe: Volumenkörper (3)
- Option: Differenz (4)
- Größe: Alle (5)
- Richtung: Symmetrisch (6)
- **OK**

4.5 Aufbauten abrunden (konstante Rundung)

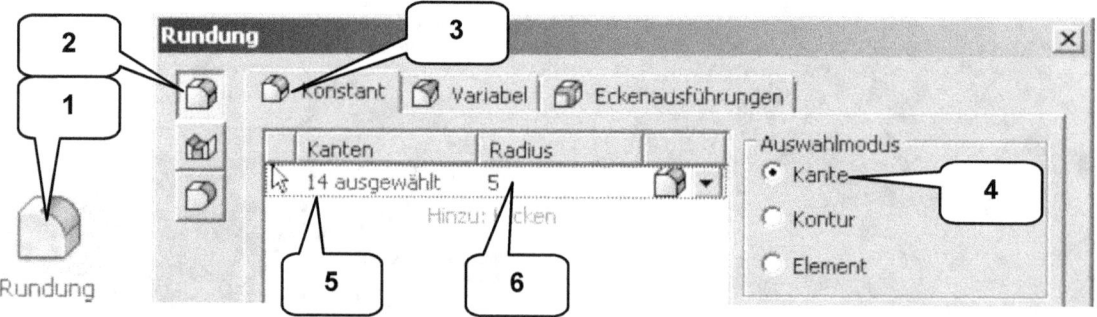

- **Rundung** (1)
- Option: Kantenabrundung (2)
- Option: Konstant (3)
- Auswahlmodus: Kante (4)

- Kanten (5) wählen (insgesamt 14)
- Radius: [5] mm (6)
- **OK**

 Bereits markierte Kanten können wieder deaktiviert werden, wenn diese bei gedrückter Taste „STRG" in Kombination mit der linken Maustaste angeklickt werden.

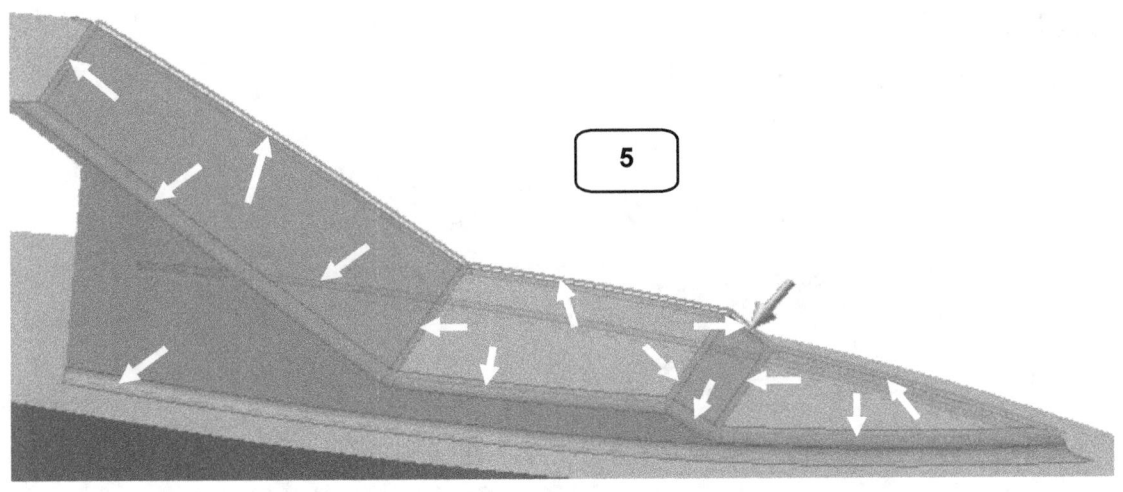

4.6 Trennebene erzeugen

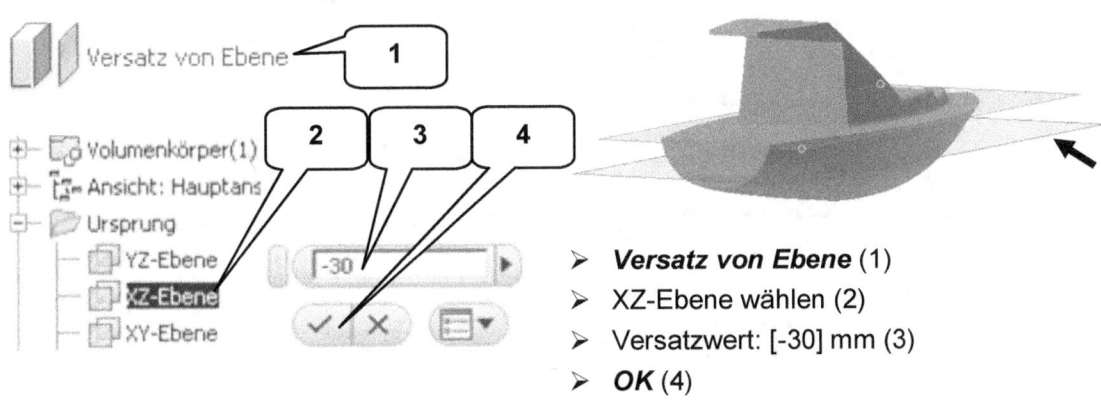

- ➤ **Versatz von Ebene** (1)
- ➤ XZ-Ebene wählen (2)
- ➤ Versatzwert: [-30] mm (3)
- ➤ **OK** (4)

4.7 Volumenkörper in zwei Hälften trennen

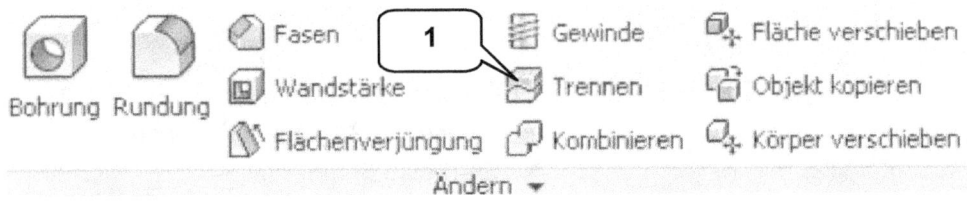

- ➤ **Trennen** (1)
- ➤ Option: Volumenkörper teilen (2)
- ➤ Trennwerkzeug: Neue Ebene (3)
- ➤ **OK**

- ➤ Neue Ebene im Modellbaum markieren (3)
- ➤ Rechte Maustaste
- ➤ Option „Sichtbarkeit" deaktivieren

Kopie der Datei als „Rumpf_Segelboot" speichern

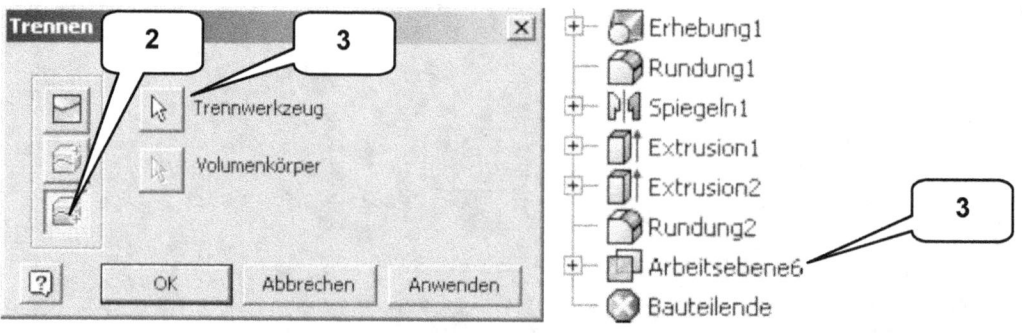

4.8 Kopie der Datei als „Rumpf_Segelboot" speichern

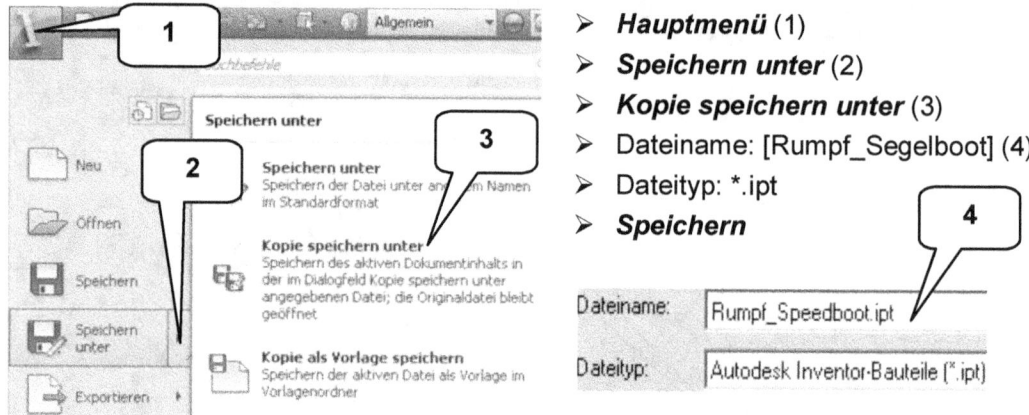

- **Hauptmenü** (1)
- **Speichern unter** (2)
- **Kopie speichern unter** (3)
- Dateiname: [Rumpf_Segelboot] (4)
- Dateityp: *.ipt
- **Speichern**

4.9 Aufbauten mit Wandstärke versehen

- **Wandstärke** (1)
- Option: Außerhalb (2)
- Flächen entfernen: Fläche (3) wählen
- Aktivieren: Angrenzende Flächen (4)
- Stärke: [0,5] mm (5)
- **OK**

 Nach dem „Trennen" des Volumenkörpers werden im Modellbaum (Ordner „Volumenkörper") zwei Volumenkörper angezeigt, welche einzeln bearbeitet werden können.

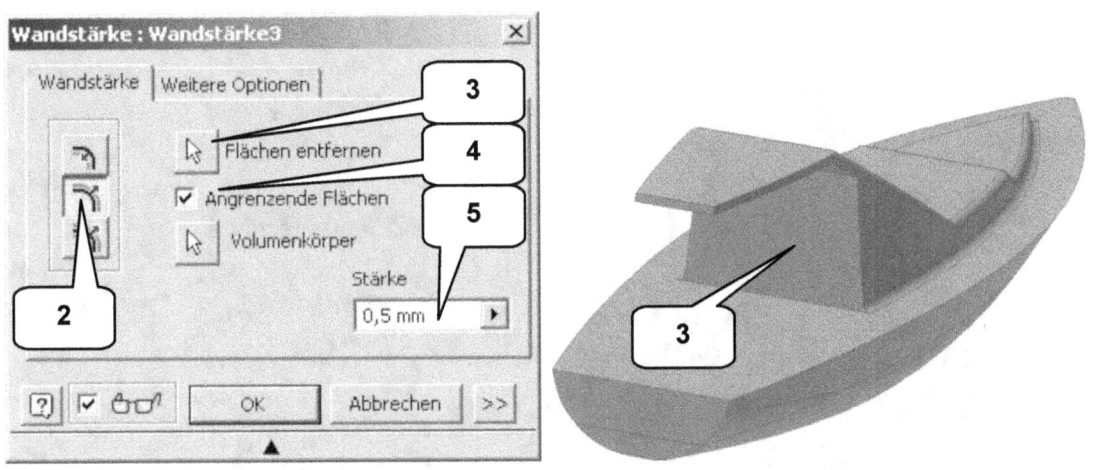

4.10 Ebene für neue 2D-Skizze erzeugen

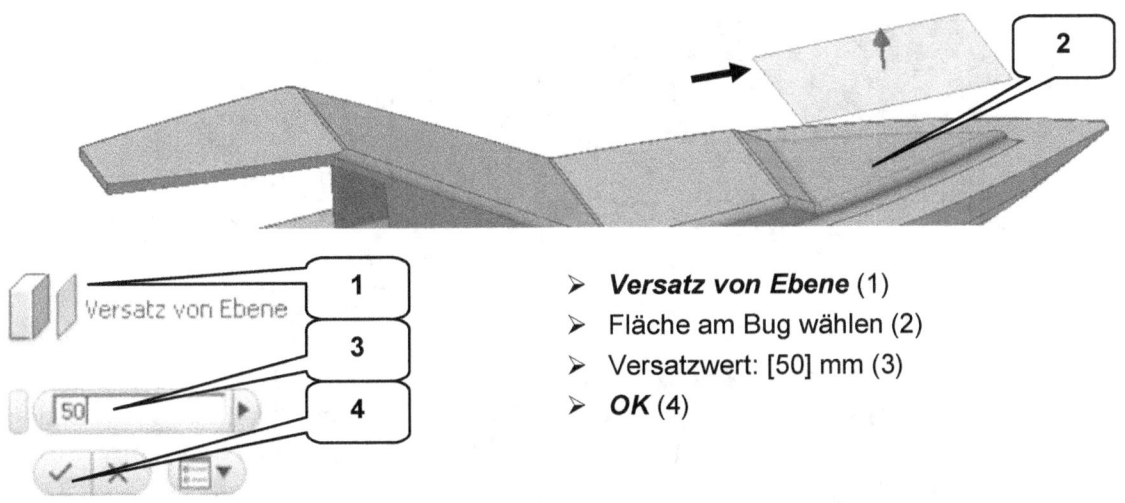

- **Versatz von Ebene** (1)
- Fläche am Bug wählen (2)
- Versatzwert: [50] mm (3)
- **OK** (4)

4.11 2D-Skizze für Lüftungsöffnungen zeichnen

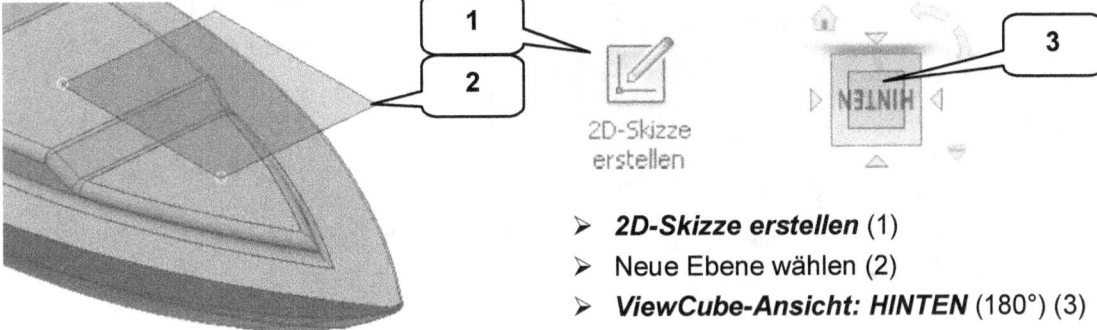

- **2D-Skizze erstellen** (1)
- Neue Ebene wählen (2)
- **ViewCube-Ansicht: HINTEN** (180°) (3)

2D-Skizze für Lüftungsöffnungen zeichnen

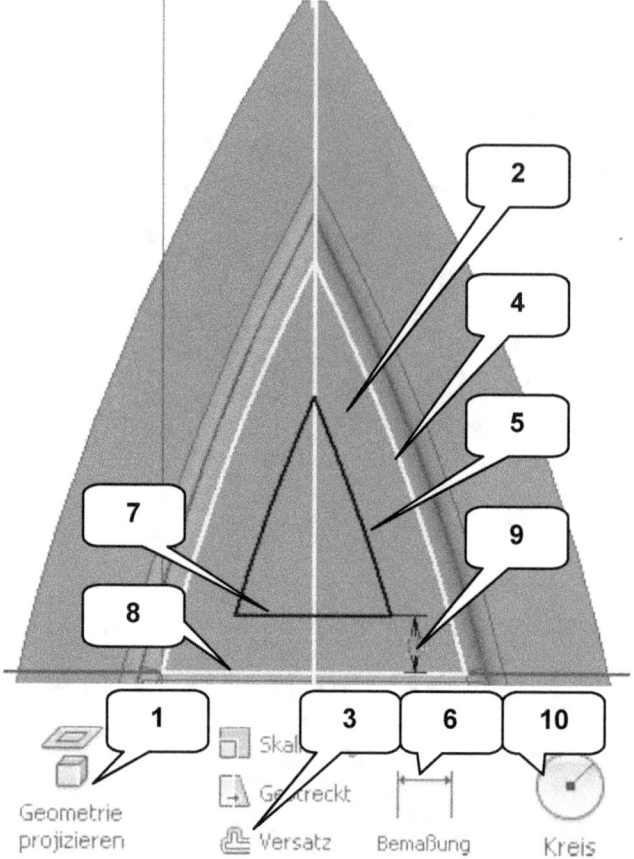

- **Geometrie projizieren** (1)
- Z-Achse wählen (Modellbaum)
- Fläche (2) wählen
- Taste: ESC
- Fenster über alle projizierten Elemente ziehen

- **Konstruktion**
- Taste: ESC

- **Versatz** (3)
- Kontur (4) wählen
- Neue Kontur an Pos. (5) ablegen
- Taste: ESC

- **Bemaßung** (6)
- Linien (7, 8) nacheinander wählen
- Maß an Pos. (9) ablegen
- Bemaßungswert: [15] mm
- **OK**
- Taste: ESC

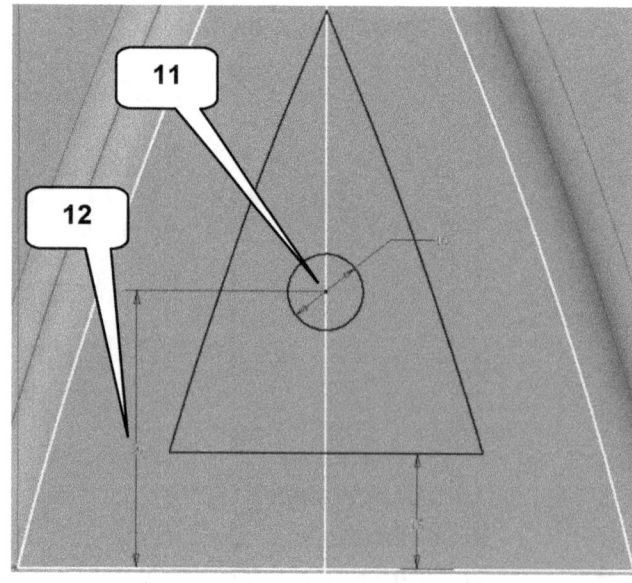

- **Kreis** (10)
- Mittelpunkt an Pos. (11) ablegen
- Durchmesser: [10] mm
- Taste: ENTER
- Taste: ESC

- **Bemaßung** (6)
- Kreismittelpunkt (11) wählen
- Linie (8) wählen
- Maß an Pos. (12) ablegen
- Bemaßungswert: [36] mm
- **OK**
- Taste: ESC

2D-Skizze für Lüftungsöffnungen zeichnen

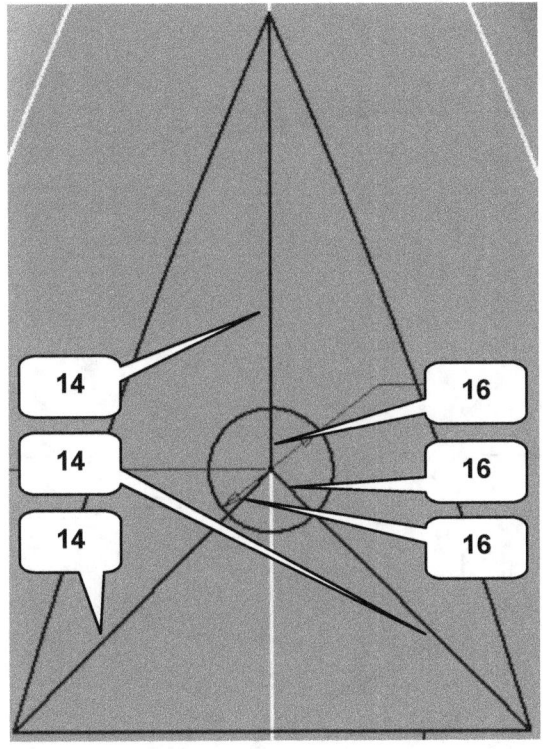
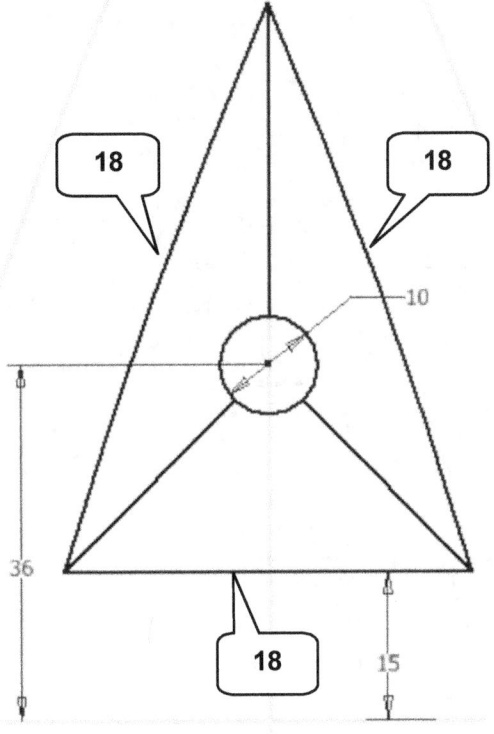

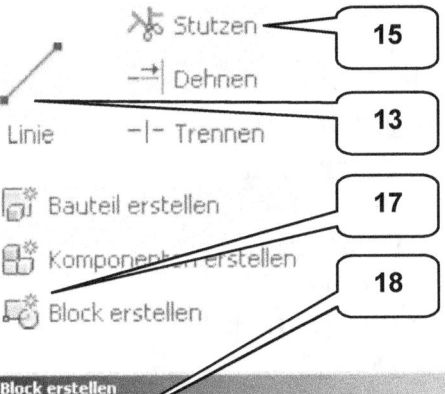

- ➢ *Linie* (13)
- ➢ Drei Linien (14) zeichnen (jeweils vom Mittelpunkt des Kreises zum Eckpunkt der versetzten Geometrie)
- ➢ Taste: ESC

- ➢ *Stutzen* (15)
- ➢ 3 Linienenden im Kreis (16) entfernen
- ➢ Taste: ESC

- ➢ *Block erstellen* (17)
- ➢ Geometrie: Drei Linien (18) wählen
- ➢ *OK*

- ➢ *Skizze fertig stellen*

4.12 Lüftungsöffnung einfügen

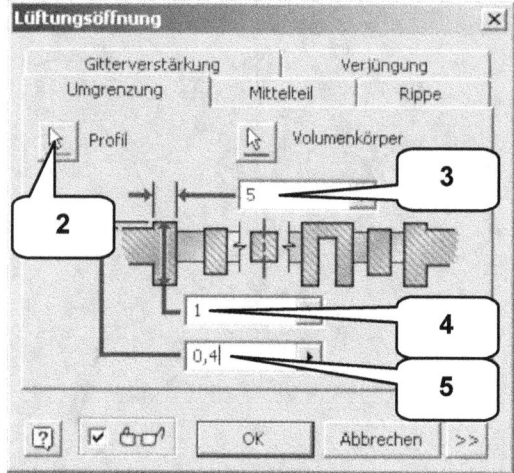
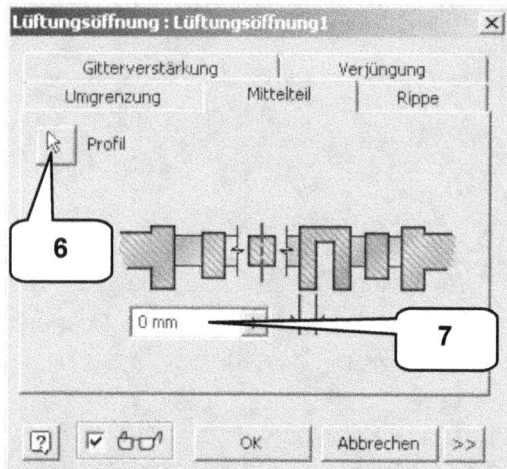
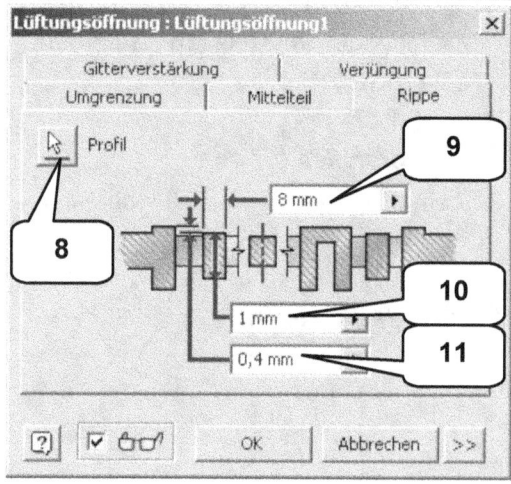

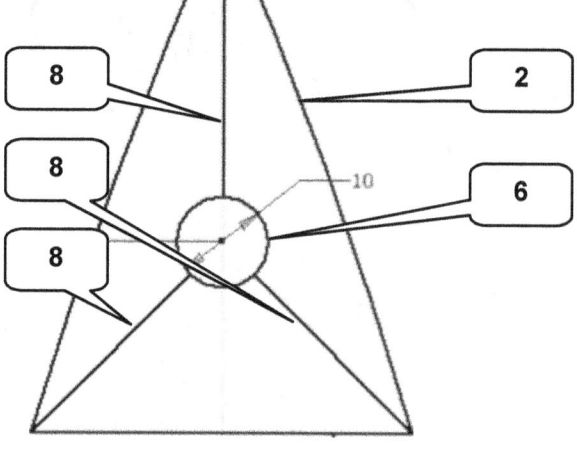

- ***Lüftungsöffnung** (1)*
- Reiter: Umgrenzung
- Profil: Linienkontur (2) wählen
- Breite: [5] mm (3)
- Höhe: [1] mm (4)
- Außenhöhe: [0,4] mm (5)
- Reiter: Mittelteil
- Profil: Kreis (6) wählen
- Breite: [0] mm (7)
- Reiter: Rippe
- Profil: 3 Linien (8) wählen
- Breite: [8] mm (9)
- Höhe: [1] mm (10)
- Außenhöhe: [0,4] mm (11)
- ***OK***

4.13 Bugspitze mit einer Kugel versehen

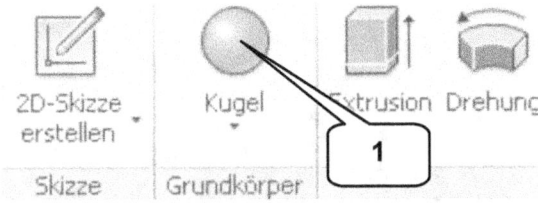

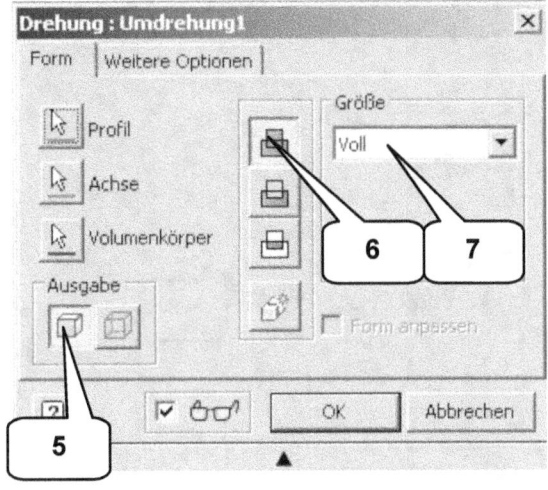

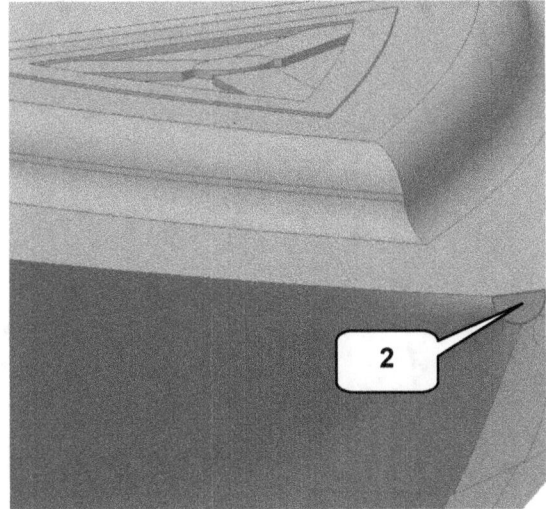

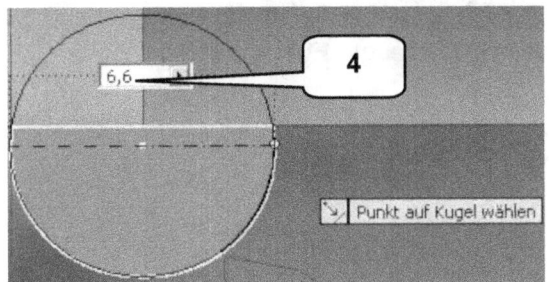

- **Kugel** (1)
- Fläche (2) an Bugspitze wählen
- Kugelmittelpunkt auf Mittelpunkt des (automatisch) projizierten Bogenmittelpunktes setzen (3)
- Durchmesser: [6,6] mm (4)
- Taste: ENTER
- <u>Im Befehl: Drehung</u>
- Ausgabe: Volumenkörper (5)
- Option: Vereinigung (6)
- Größe: Voll (7)
- **OK**

4.14 Ebene für neue 2D-Skizze erzeugen

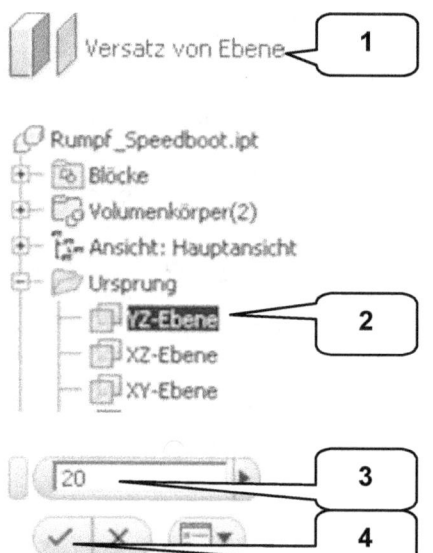

- ➢ **Versatz von Ebene** (1)
- ➢ YZ-Ebene (2) wählen
- ➢ Versatzwert: [20] mm (3)
- ➢ **OK** (4)

4.15 2D-Skizze für Dachverstrebung zeichnen

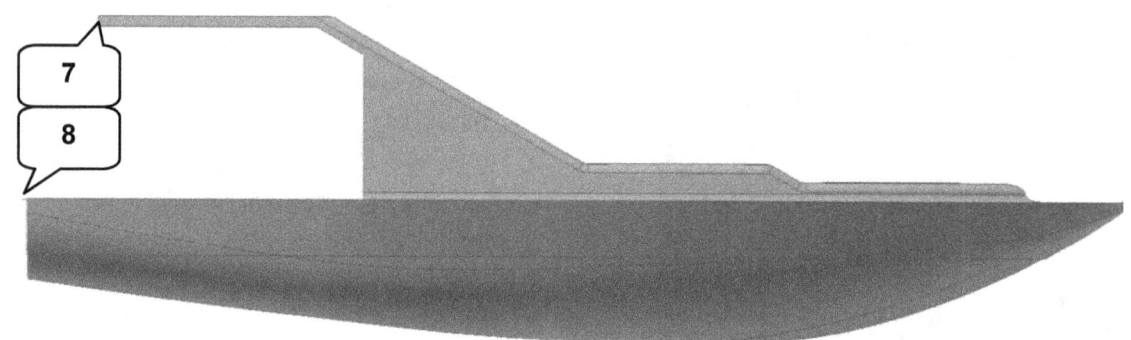

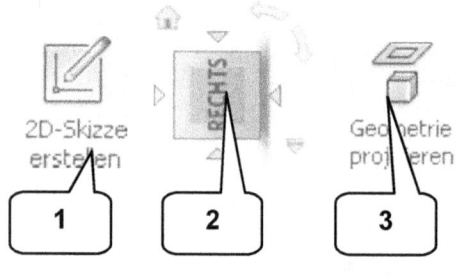

- ➢ **2D-Skizze erstellen** (1)
- ➢ Neu erzeugte Ebene wählen

- ➢ **ViewCube-Ansicht: RECHTS** (90° gegen UZS drehen) (2)

- ➢ Taste: F7 (Skizze aufschneiden)

Um die vier Kanten exakt projizieren zu können, sollte sehr nah an die betreffenden Bereiche herangezoomt werden.

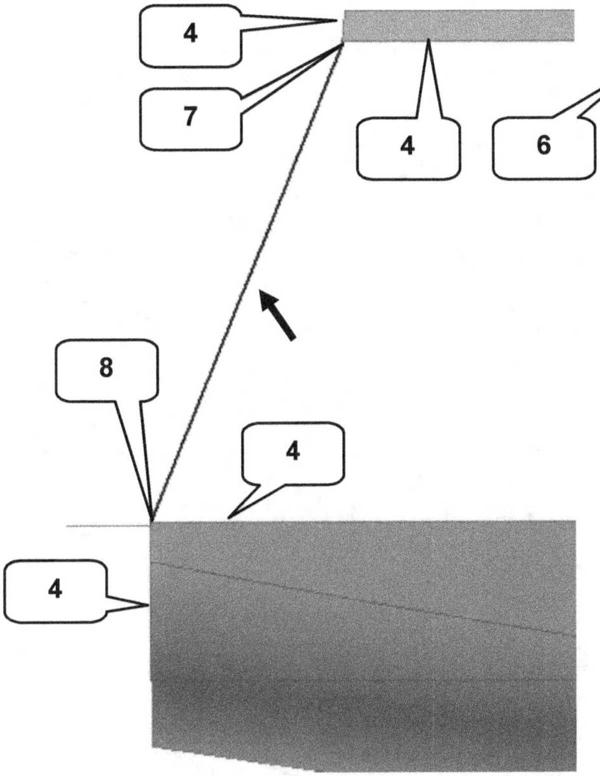

Dachverstrebung als Rippe erzeugen

- **Geometrie projizieren** (3)
- Vier Kanten nacheinander wählen (4)
- Taste: ESC
- Fenster über alle projizierten Elemente ziehen

- **Konstruktion** (5)
- Taste: ESC

- **Linie** (6)
- 1. Linienpunkt: Eckpunkt (7) wählen
- 2. Linienpunkt: Eckpunkt (8) wählen
- Taste: ESC

- **Skizze fertig stellen**

4.16 Dachverstrebung als Rippe erzeugen

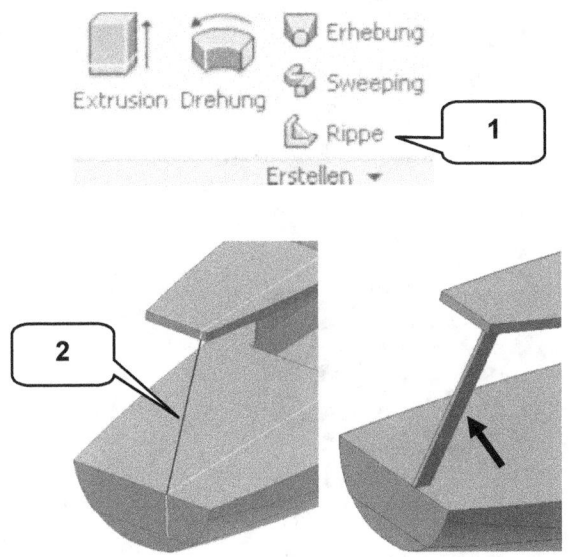

- **Rippe** (1)
- Profil: Linie (2) wählen
- Option: Parallel zur Skizzierebene (3)
- Richtung: 2 (4)
- Aktivieren: Profil dehnen (5)
- Stärke: [3] mm (6)
- Option: Symmetrisch (7)
- Option: Begrenzt (8)
- Größe: [10] mm (9)
- **OK**

Dachverstrebung spiegeln

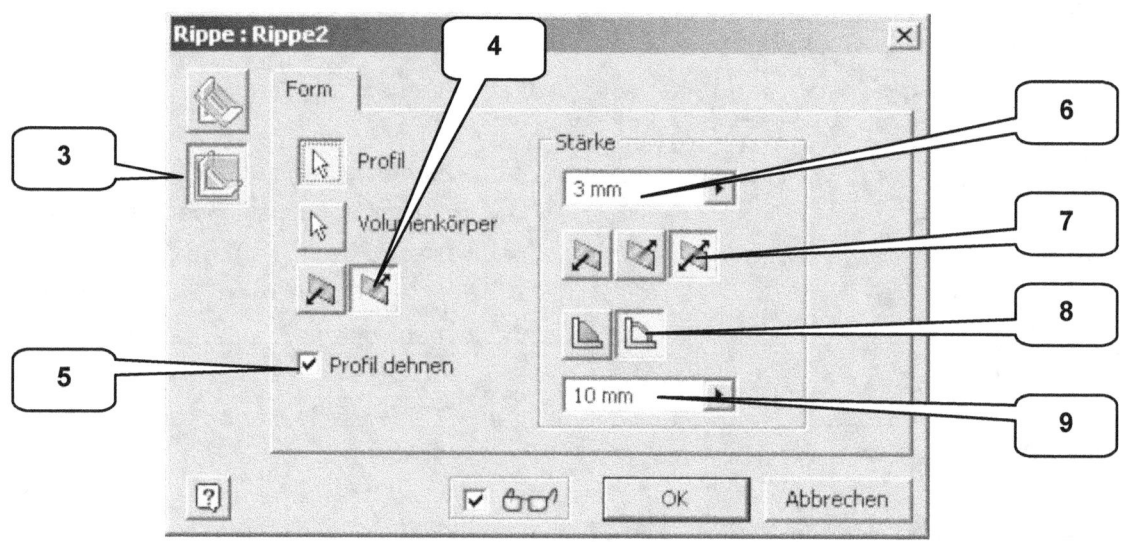

4.17 Dachverstrebung spiegeln

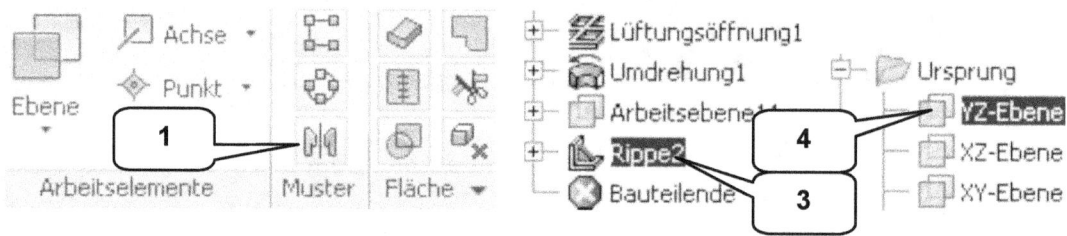

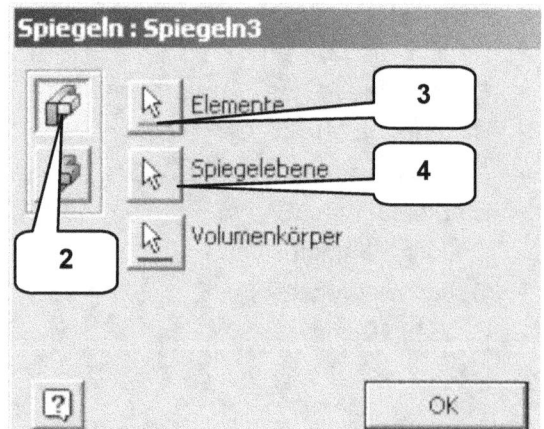

- ➢ **Spiegeln** (1)
- ➢ Option: Einzelne Elemente spiegeln (2)
- ➢ Elemente: Rippe (3)
- ➢ Spiegelebene: YZ-Ebene (4)
- ➢ **OK**

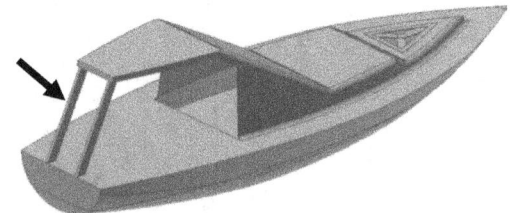

4.18 2D-Skizze für Fensteraussparungen erzeugen

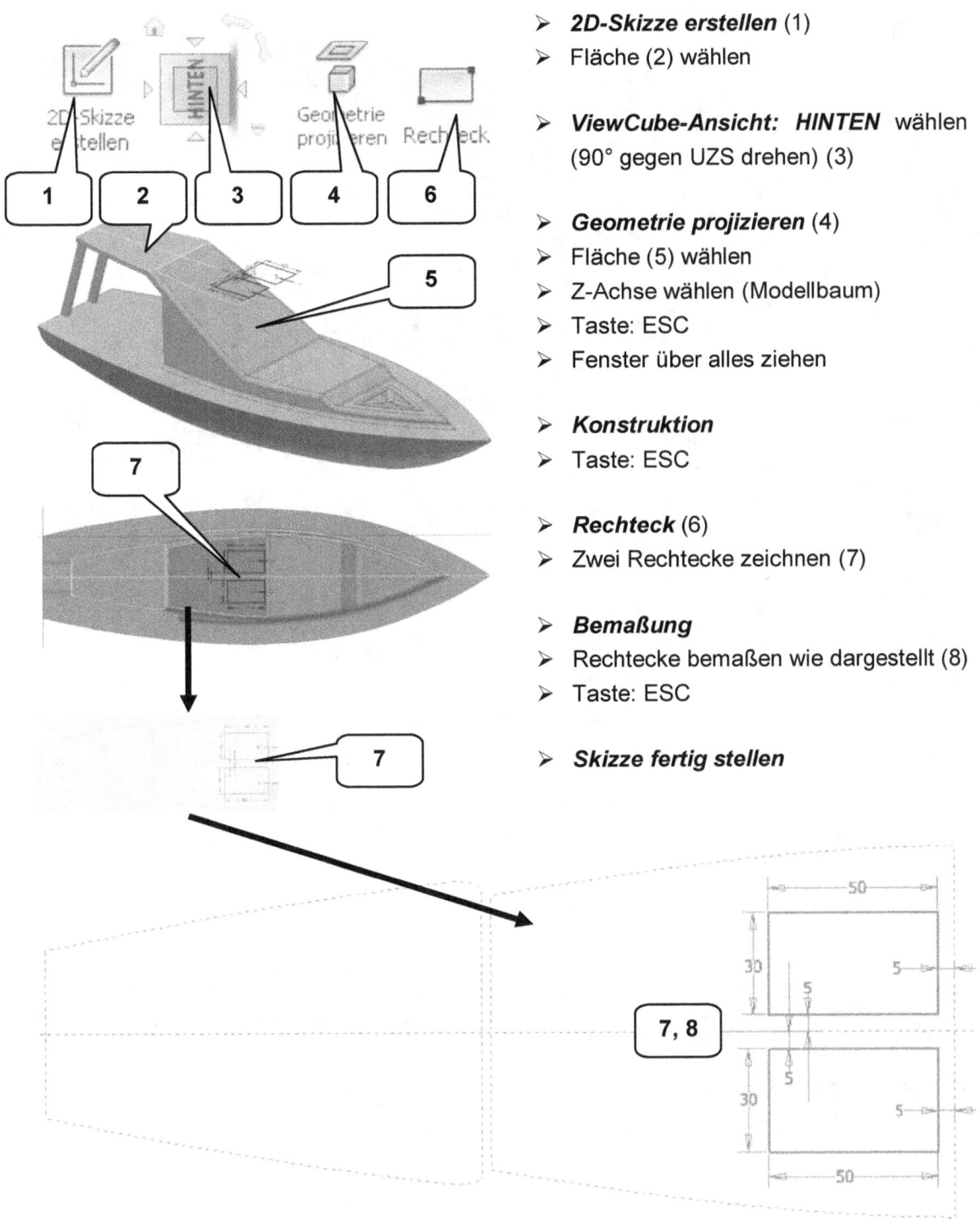

- **2D-Skizze erstellen** (1)
- Fläche (2) wählen

- **ViewCube-Ansicht: HINTEN** wählen (90° gegen UZS drehen) (3)

- **Geometrie projizieren** (4)
- Fläche (5) wählen
- Z-Achse wählen (Modellbaum)
- Taste: ESC
- Fenster über alles ziehen

- **Konstruktion**
- Taste: ESC

- **Rechteck** (6)
- Zwei Rechtecke zeichnen (7)

- **Bemaßung**
- Rechtecke bemaßen wie dargestellt (8)
- Taste: ESC

- **Skizze fertig stellen**

4.19 Fensteraussparungen extrudieren

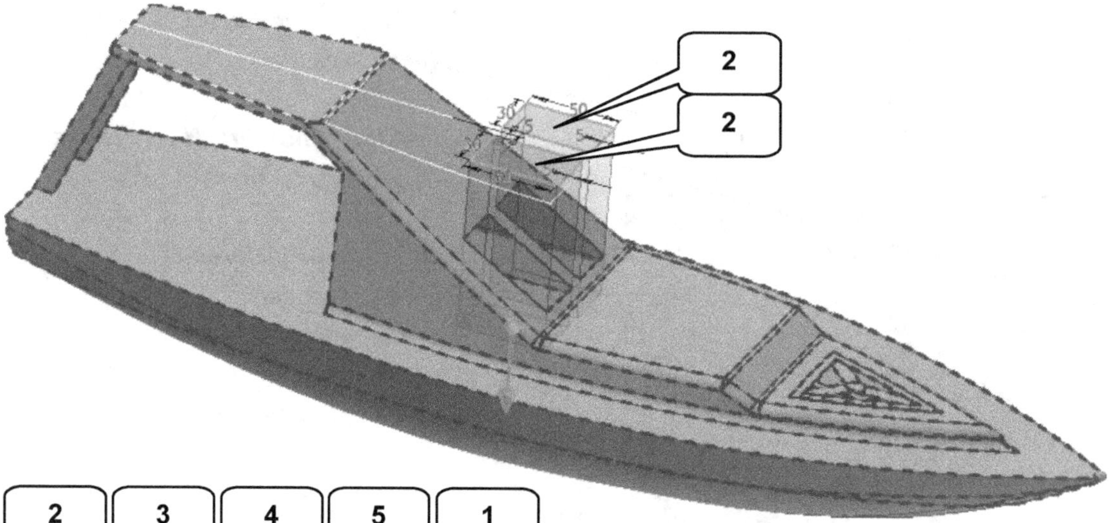

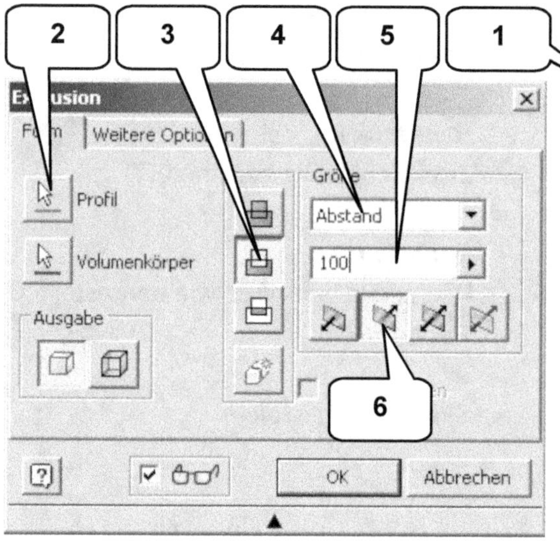

- **Extrusion** (1)
- Profil: beide Rechtecke wählen (2)
- Option: Differenz (3)
- Größe: Abstand (4)
- Wert: [100] mm (5)
- Richtung: 2 (6)
- **OK**

4.20 Farben zuweisen

- „Rumpf_Speedboot" im Modellbaum markieren (1)
- Farbe „Stahlblau" zuweisen (2)
- Taste: ESC

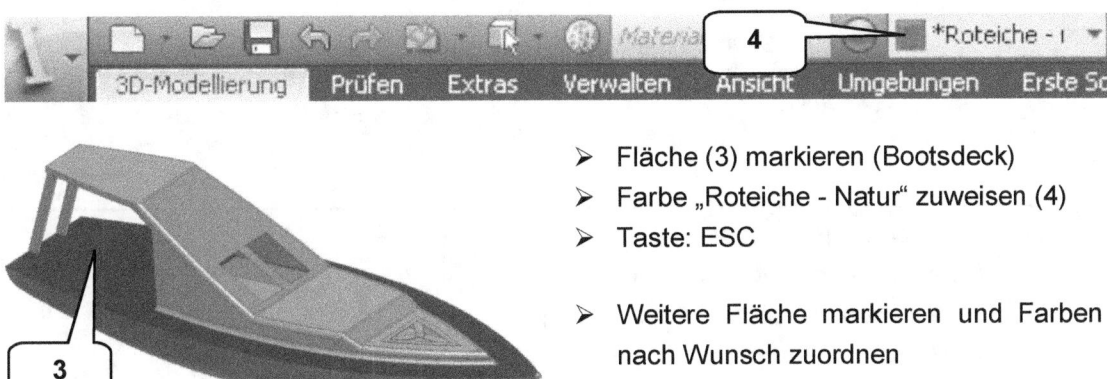

- Fläche (3) markieren (Bootsdeck)
- Farbe „Roteiche - Natur" zuweisen (4)
- Taste: ESC

- Weitere Fläche markieren und Farben nach Wunsch zuordnen

4.21 Ebenen ausblenden, Datei speichern

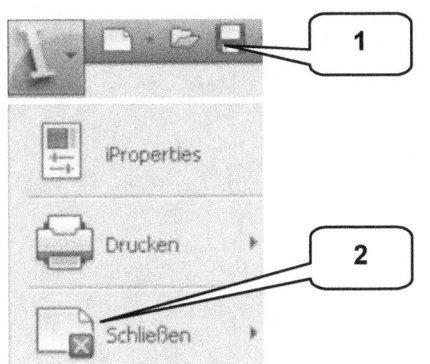

- Sichtbare Ebenen (im Modellbaum farblich dargestellt) bei gedrückter Taste „STRG" markieren
- Rechte Maustaste „Sichtbarkeit" entfernen

- ***Speichern*** (1)
- ***Datei schließen*** (2)

Farben können einem kompletten Bauteil oder einzelnen Flächen zugewiesen werden. Die Option „Überschreibung deaktivieren" entfernt alle gesetzten Farbüberschreibungen.

5   Aufbauten (Segelboot)

Agenda

- Datei „Rumpf_Segelboot" öffnen
- Bugspitze mit einer Kugel versehen
- 2D-Skizze für einen Materialschnitt erzeugen
- Oberen Bereich der Aufbauten schneiden
- 2D-Skizze für Sitzecke zeichnen
- Bodenbereich der Sitzecke extrudieren
- 2D-Skizze reaktivieren, Sitzbereich extrudieren
- Verschieben einer Fläche
- Aufbauten mit Wandstärke versehen
- Sitzbereich abrunden
- 2D-Skizze für Ruderhalterung zeichnen
- Ruderhalterung extrudieren
- Ruderhalterung abrunden
- 2D-Skizze für Schwert zeichnen
- Extrudieren des Schwertes
- Schwert abrunden
- 2D-Skizze für die Masthalterung zeichnen
- Drehen der Masthalterung
- Farben zuweisen, Datei speichern und schließen

5.1 Bauteil „Rumpf_Segelboot" öffnen

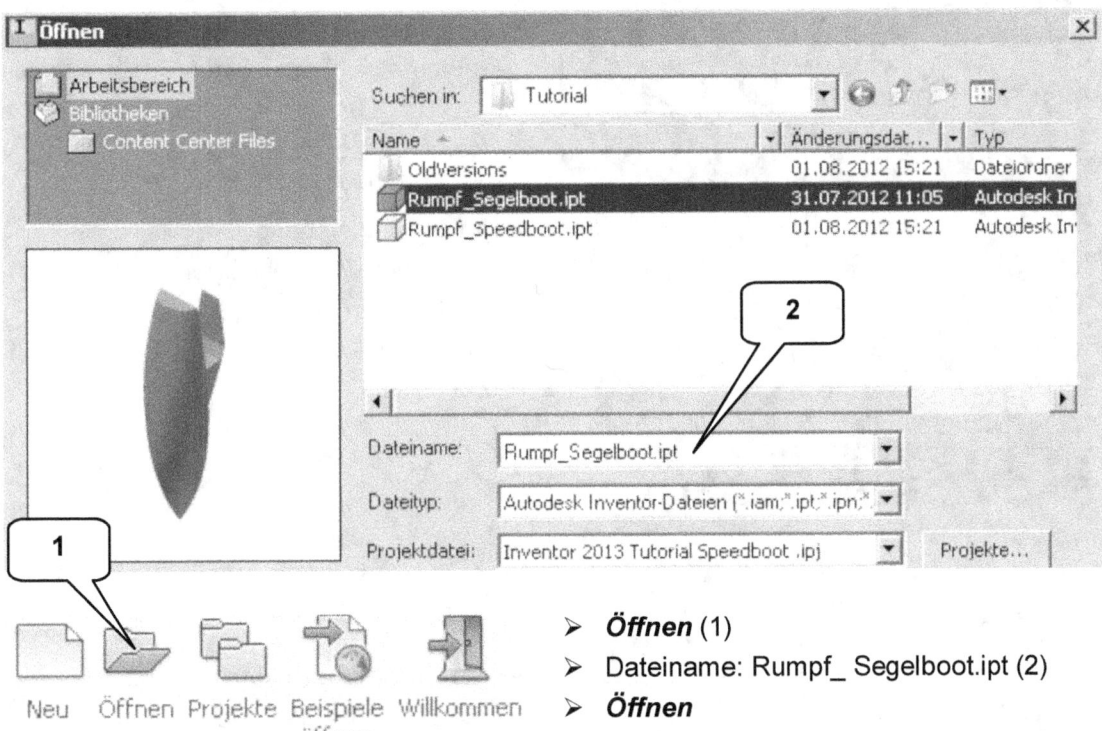

- **Öffnen** (1)
- Dateiname: Rumpf_ Segelboot.ipt (2)
- **Öffnen**

5.2 Bugspitze mit einer Kugel versehen

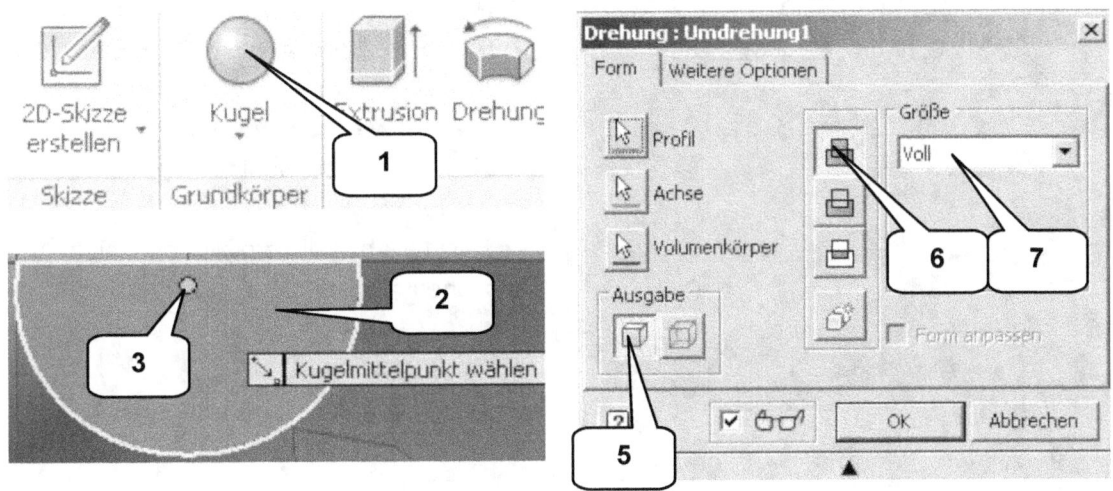

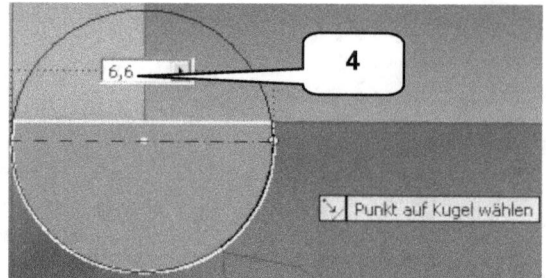

- **Kugel** (1)
- Fläche (2) an Bugspitze wählen
- Kugelmittelpunkt auf Mittelpunkt des (automatisch) projizierten Bogens setzen (3)
- Durchmesser: [6,6] mm (4)
- Taste: ENTER
- Im Befehl: Drehung
- Ausgabe: Volumenkörper (5)
- Option: Vereinigung (6)
- Größe: Voll (7)
- OK

5.3 2D-Skizze für Materialschnitt zeichnen

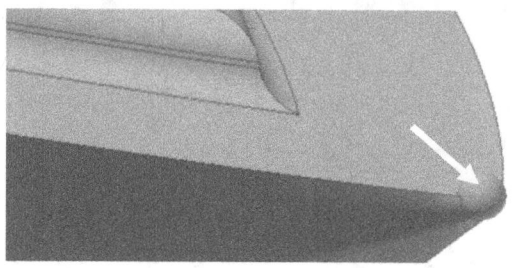

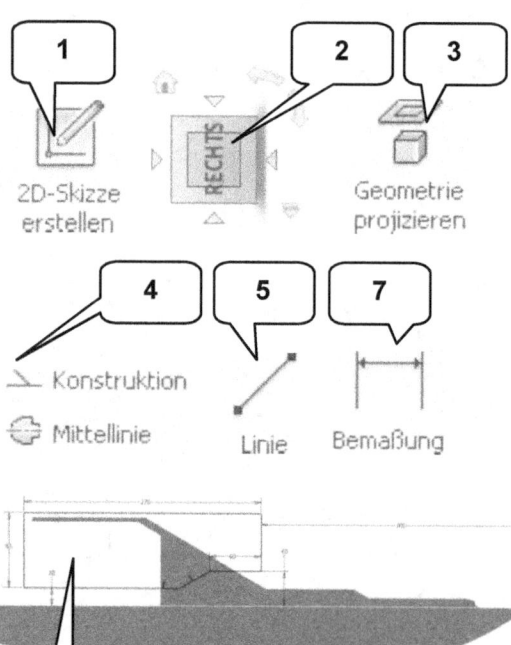

- **2D-Skizze erstellen** (1)
- YZ-Ebene wählen (Modellbaum)

- **ViewCube-Ansicht: RECHTS** (90° gegen UZS drehen) (2)

- Taste: F7 (Skizze aufschneiden)

- **Geometrie projizieren** (3)
- X,- Y-, Z-Achse wählen
- Taste: ESC
- Fenster über alle projizierten Linien ziehen

- **Konstruktion** (4)
- Taste: ESC

Materialschnitt erzeugen

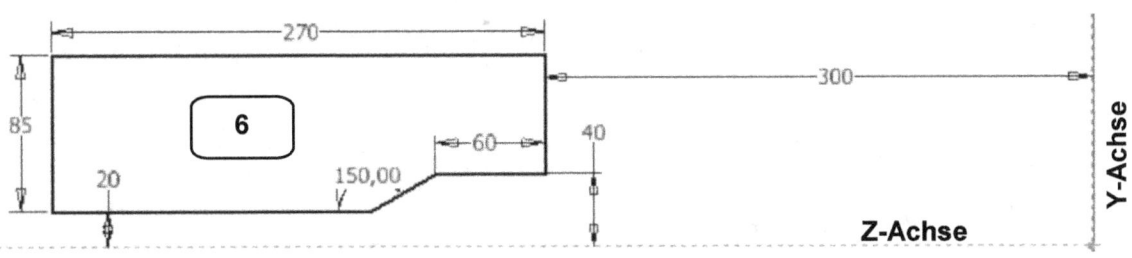

- *Linie* (5)
- Kontur (6) zeichnen
- Taste: ESC

- *Bemaßung* (7)
- Bemaßungen übernehmen wie dargestellt (6)
- Taste: ESC

- *Skizze fertig stellen*

5.4 Materialschnitt erzeugen

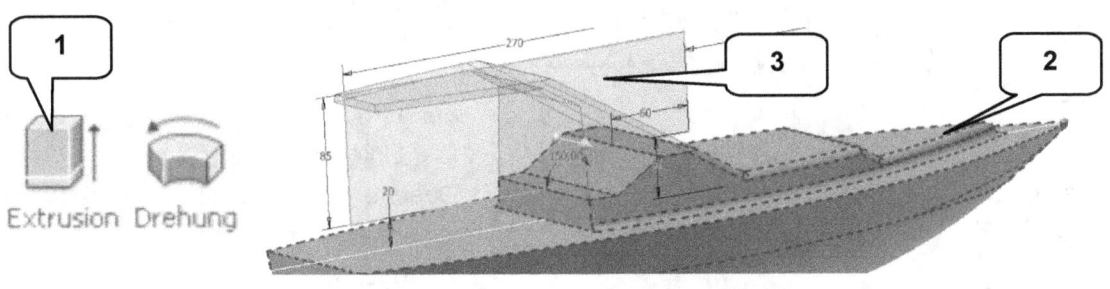

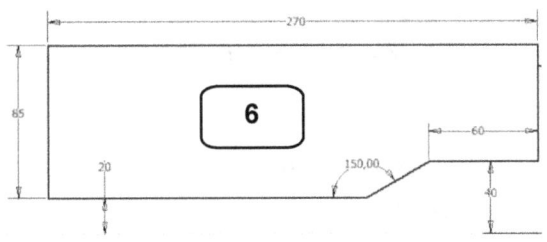

- *Extrusion* (1)
- Volumenkörper: Oberen Volumenkörper (2) wählen
- Profil: Kontur (3) wählen
- Ausgabe: Volumenkörper (4)
- Option: Differenz (5)
- Größe: Alle (6)
- Richtung: Symmetrisch (7)
- *OK*

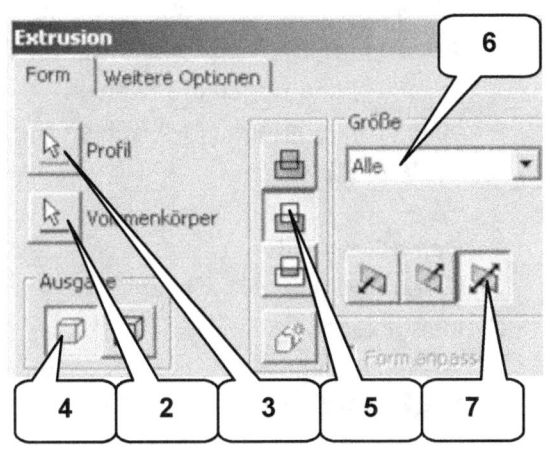

5.5 2D-Skizze für Sitzecke zeichnen

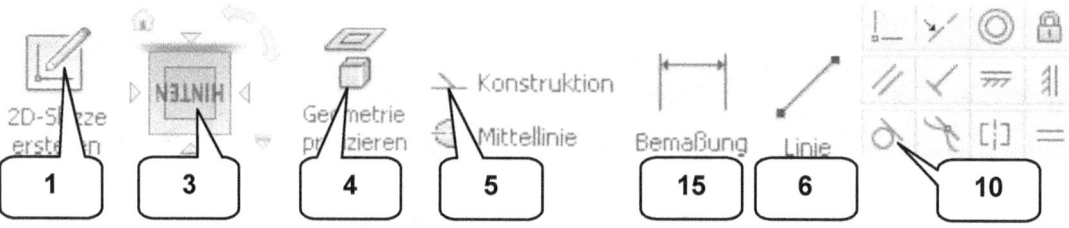

> **2D-Skizze erstellen** (1)
> Fläche wählen (2)

> **ViewCube-Ansicht: HINTEN** (180° drehen) (3)

> **Geometrie projizieren** (4)
> Fläche wählen (2)
> Taste: ESC
> Fenster über gesamtes Boot ziehen

> **Konstruktion** (5)
> Taste: ESC

> **Linie** (6)
> Vier Linien zeichnen (7)
> Oberste Linie soll die Punkte (8, 9) miteinander verbinden
> Taste: ESC

> **Abhängigkeit: Tangential** (10)
> Linie (11) und Bogen (12) wählen
> Linie (13) und Bogen (14) wählen
> Taste: ESC

> **Bemaßung** (15)
> Linien (16) und (17) wählen
> Maß ablegen
> Wert: [20] mm (18)
> Taste: ESC

Bodenbereich der Sitzecke extrudieren

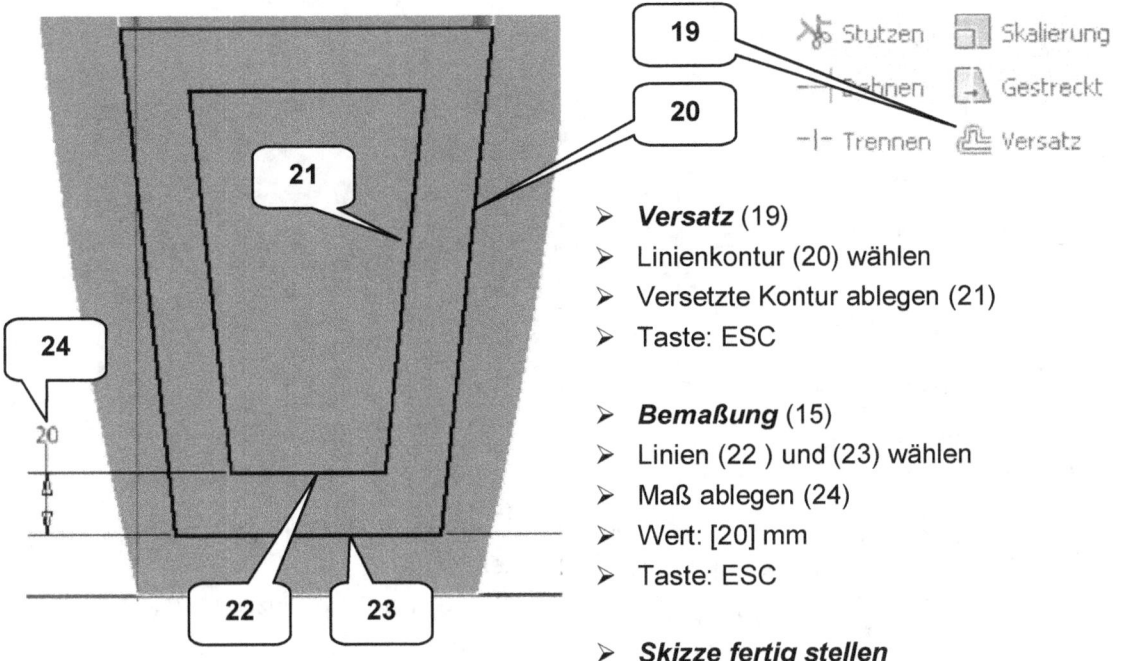

- **Versatz** (19)
- Linienkontur (20) wählen
- Versetzte Kontur ablegen (21)
- Taste: ESC

- **Bemaßung** (15)
- Linien (22) und (23) wählen
- Maß ablegen (24)
- Wert: [20] mm
- Taste: ESC

- **Skizze fertig stellen**

5.6 Bodenbereich der Sitzecke extrudieren

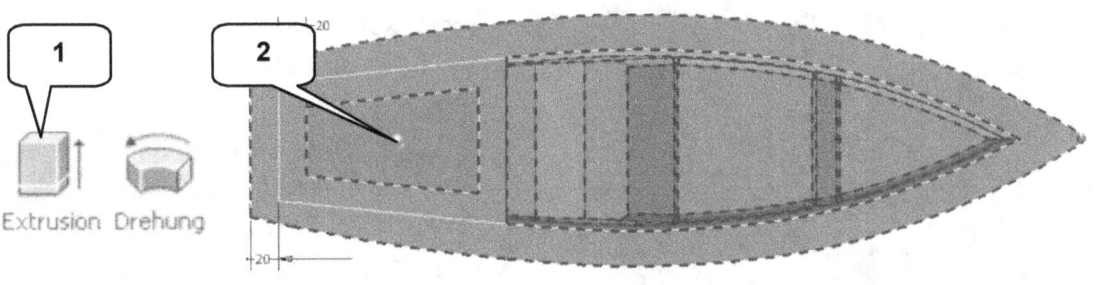

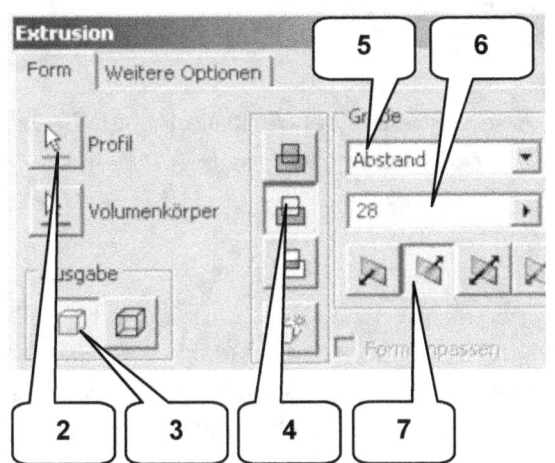

- **Extrusion** (1)
- Profil: Kontur (2) wählen (innere Kontur, welche mittels „Versatz" erzeugt wurde)
- Ausgabe: Volumenkörper (3)
- Option: Differenz (4)
- Größe: Abstand (5)
- Wert: [28] mm (6)
- Richtung: 2 (7)
- **OK**

5.7 2D-Skizze reaktivieren, Sitzbereich extrudieren

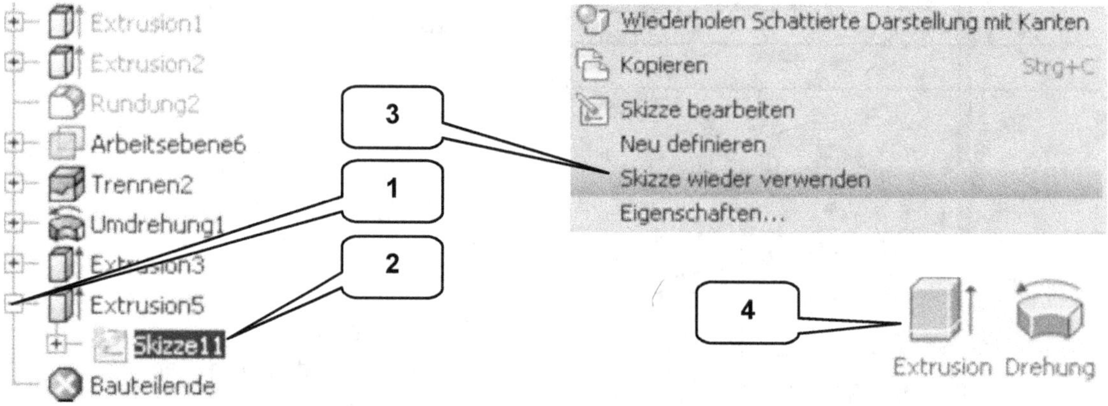

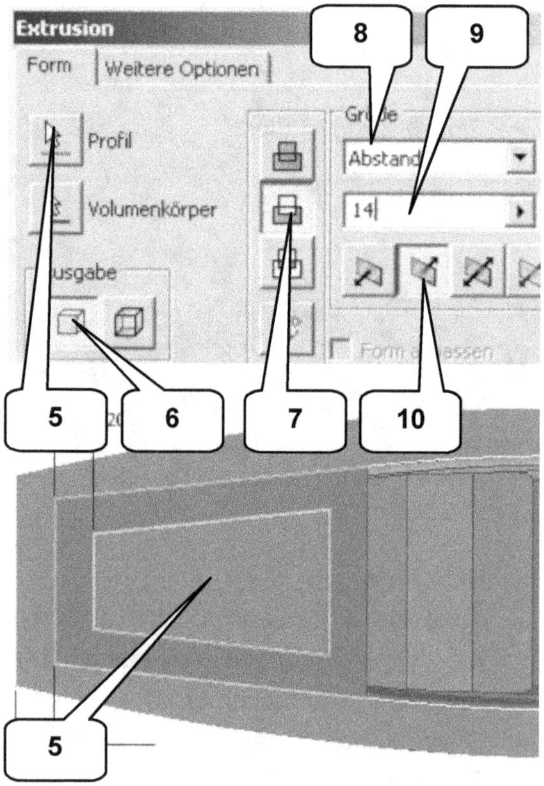

- Letzte Extrusion im Modellbaum erweitern (1)
- Darin enthaltene Skizze markieren (2)
- Rechte Maustaste > Skizze wieder verwenden (3)

- **Extrusion (4)**
- Profil: Kontur (5) wählen (innere Kontur, welche mittels Befehl „Versatz" erzeugt wurde)
- Ausgabe: Volumenkörper (6)
- Option: Differenz (7)
- Größe: Abstand (8)
- Wert: [14] mm (9)
- Richtung: 2 (10)
- **OK**

- Sichtbarkeit der reaktivierten 2D-Skizze wieder entfernen (rechte Maustaste > Sichtbarkeit)

Durch den Befehl „Skizze wieder verwenden" reaktivierte Skizzen bleiben im Zeichenbereich sichtbar, bis sie manuell wieder ausgeblendet werden (rechte Maustaste > Sichtbarkeit).

5.8 Verschieben einer Fläche

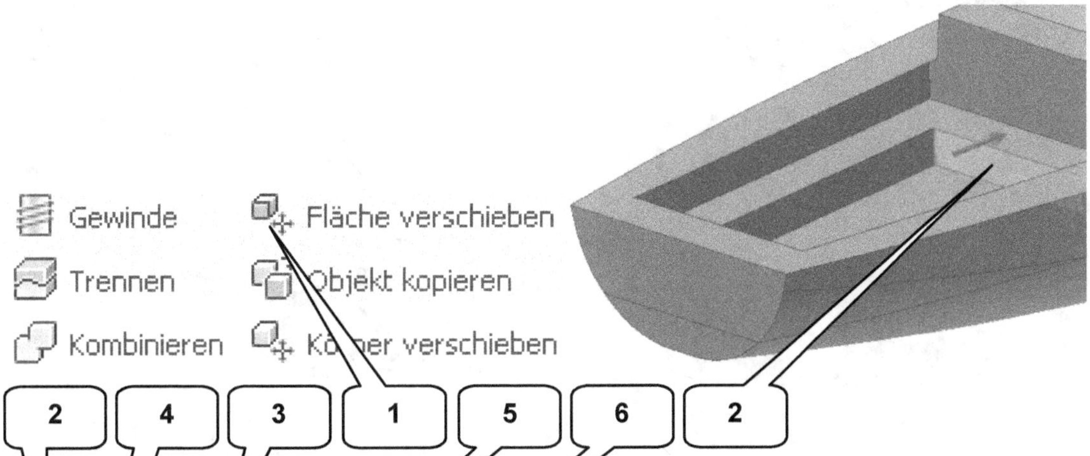

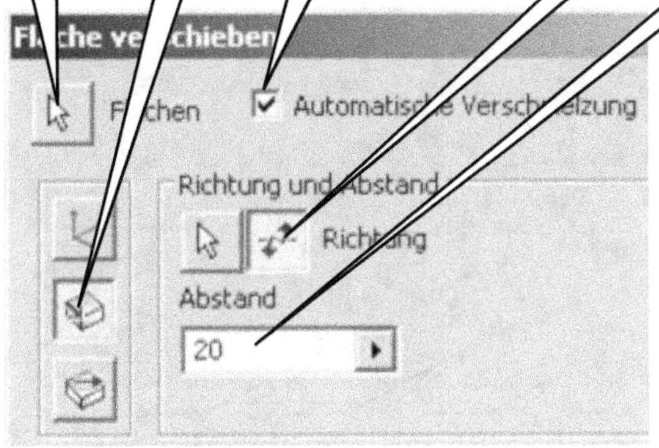

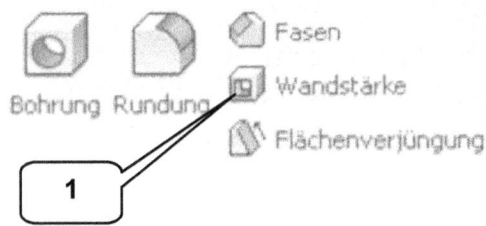

- **Fläche verschieben** (1)
- Fläche (2) wählen
- Aktivieren: Automatische Verschmelzung (3)
- Option: Richtung und Abstand (4)
- Richtung umschalten (5) (Pfeil muss in Richtung Bug (Vorderseite des Bootes) zeigen)
- Abstand: [20] mm (6)
- **OK**

5.9 Aufbauten mit Wandstärke versehen

- **Wandstärke** (1)
- Option: Außerhalb (2)
- Flächen entfernen: Drei Flächen wählen (3)
- Aktivieren: Angrenzende Flächen (4)
- Stärke: [0,5] mm (5)
- **OK**

Sitzbereich abrunden

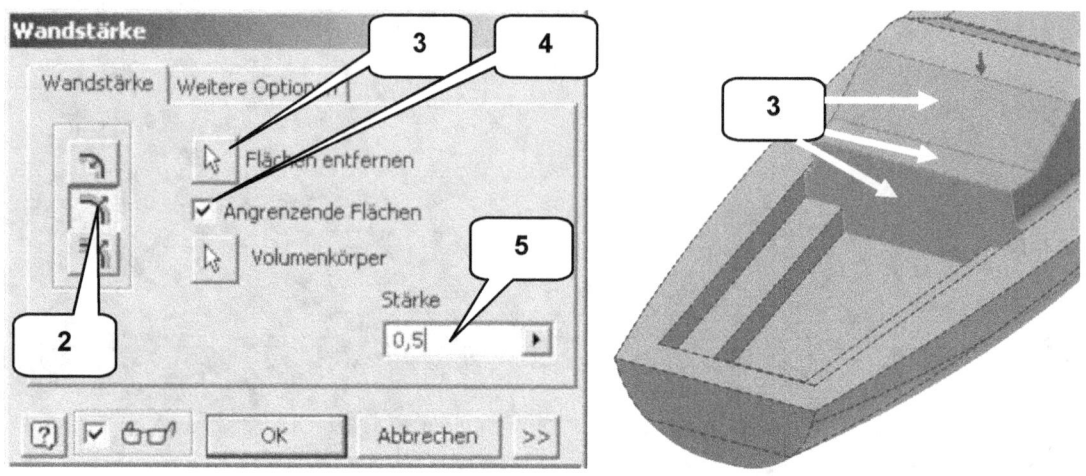

5.10 Sitzbereich abrunden

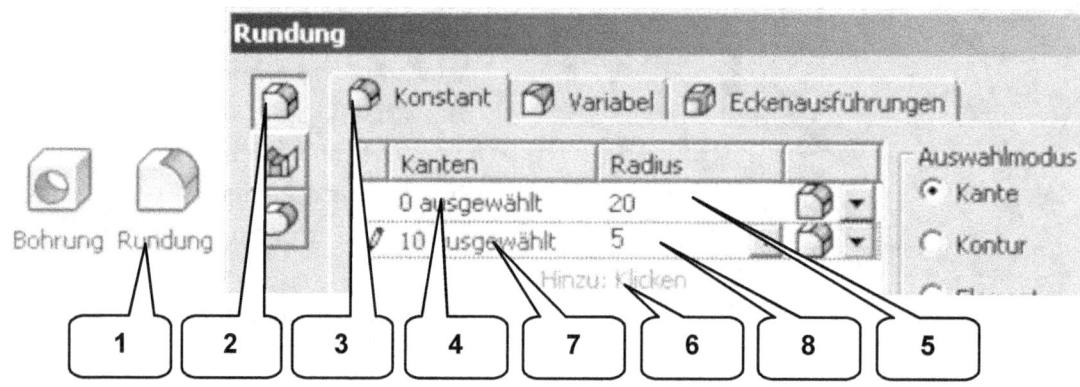

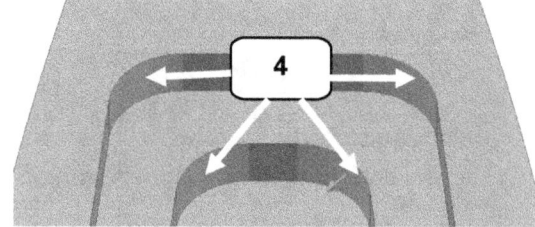

- **Rundung** (1)
- Option: Kantenabrundung (2)
- Reiter: Konstant (3)
- Vier Kanten wählen (4)
- Radius: [20] mm (5)
- **Anwenden**

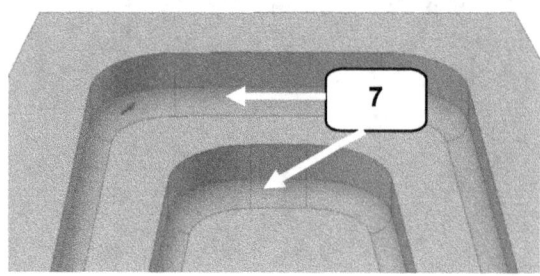

- **Hinzu: Klicken** (6)
- Zwei (umlaufende) Kanten wählen (7)
- Radius: [5] mm (8)
- **OK**

5.11 2D-Skizze für Ruderhalterung zeichnen

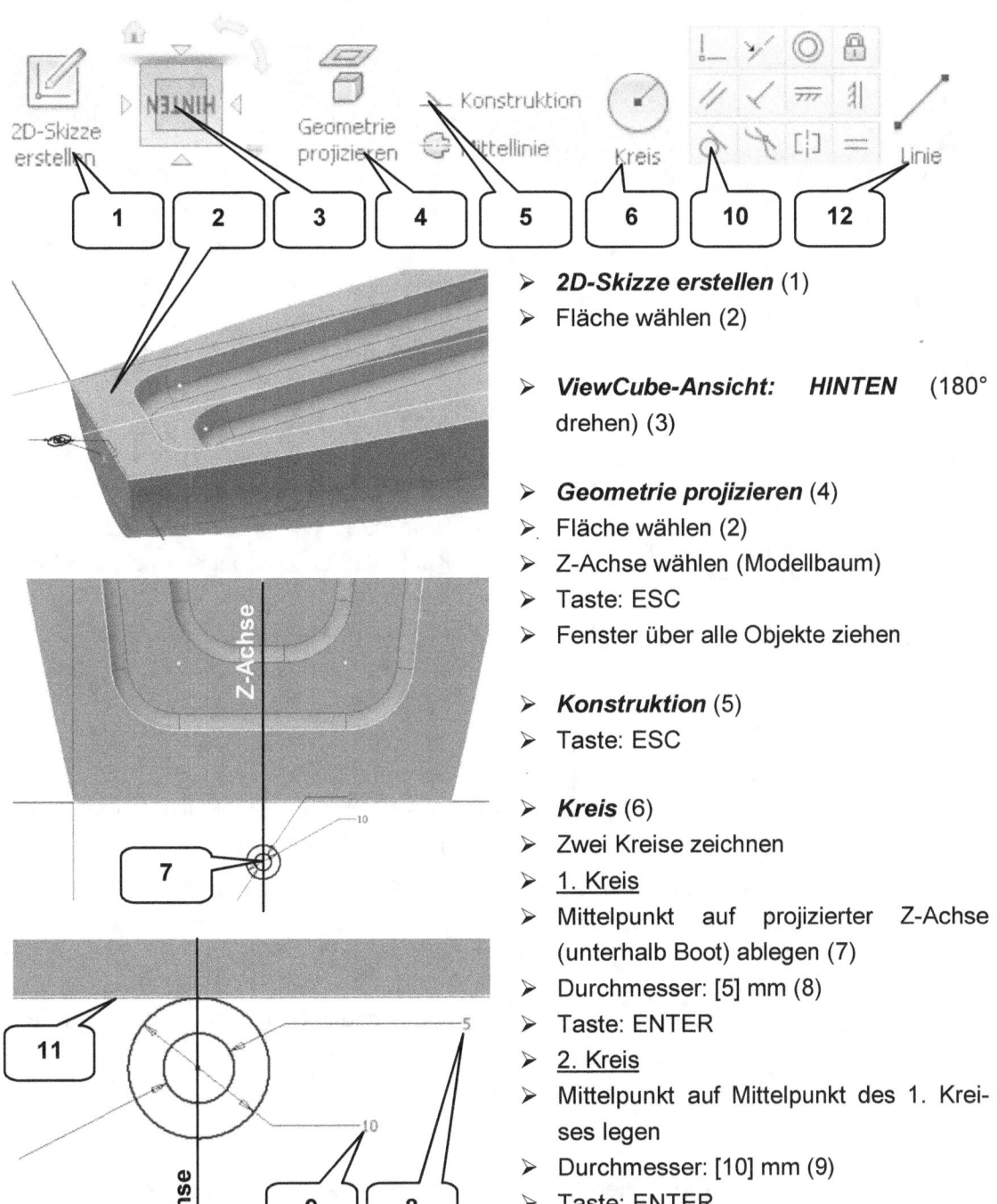

- **2D-Skizze erstellen** (1)
- Fläche wählen (2)

- **ViewCube-Ansicht: HINTEN** (180° drehen) (3)

- **Geometrie projizieren** (4)
- Fläche wählen (2)
- Z-Achse wählen (Modellbaum)
- Taste: ESC
- Fenster über alle Objekte ziehen

- **Konstruktion** (5)
- Taste: ESC

- **Kreis** (6)
- Zwei Kreise zeichnen
- <u>1. Kreis</u>
- Mittelpunkt auf projizierter Z-Achse (unterhalb Boot) ablegen (7)
- Durchmesser: [5] mm (8)
- Taste: ENTER
- <u>2. Kreis</u>
- Mittelpunkt auf Mittelpunkt des 1. Kreises legen
- Durchmesser: [10] mm (9)
- Taste: ENTER
- Taste: ESC

2D-Skizze für Ruderhalterung zeichnen

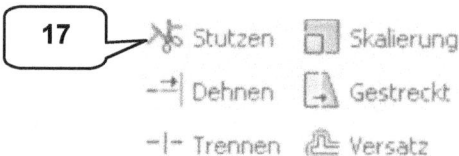

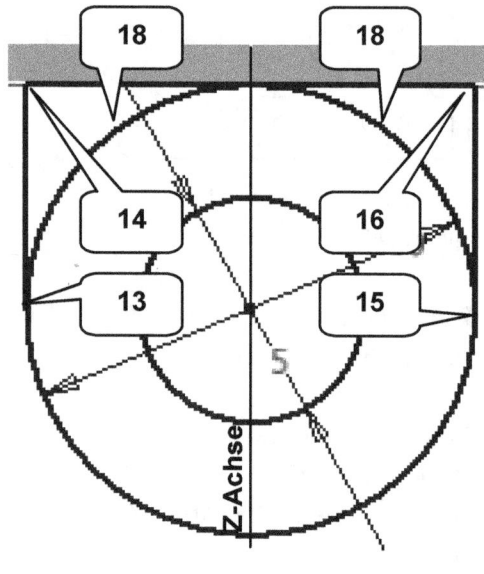

- **Abhängigkeit: Tangential** (10)
- Projizierte Kante (11) und Kreis (D = 10 mm) wählen
- Taste: ESC

- **Linie** (12)
- Startpunkt der 1. Linie wählen (äußerer, linker Punkt des großen Kreises) (13)
- Linie lotrecht nach oben an die projizierte Kante des Bootes ziehen und darauf ablegen (14)
- Taste: ESC

- **Linie** (12)
- Startpunkt (15) der 2. Linie wählen (äußerer, rechter Punkt des großen Kreises)
- Linie lotrecht nach oben an die projizierte Kante des Bootes ziehen und darauf ablegen (16)
- Mit der 3. Linie sollen die Linienpunkte (14, 16) miteinander verbunden werden
- Taste: ESC

- **Stutzen** (17)
- Zwei Bogensegmente des großen Kreises entfernen (18)
- Taste: ESC

- **Skizze fertig stellen**

- Das Resultat sollte die unten links stehende Kontur sein

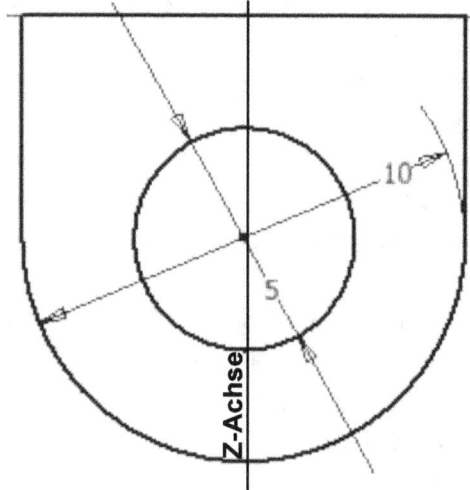

Die beiden Linien müssen exakt am äußeren (rechten oder linken) Punkt des Kreises starten. Dieser äußere Punkt wird durch einen kleinen grünen Punkt markiert. Die Endpunkte der beiden Linien müssen auf der projizierten Kante des Bootes liegen.

5.12 Ruderhalterung extrudieren

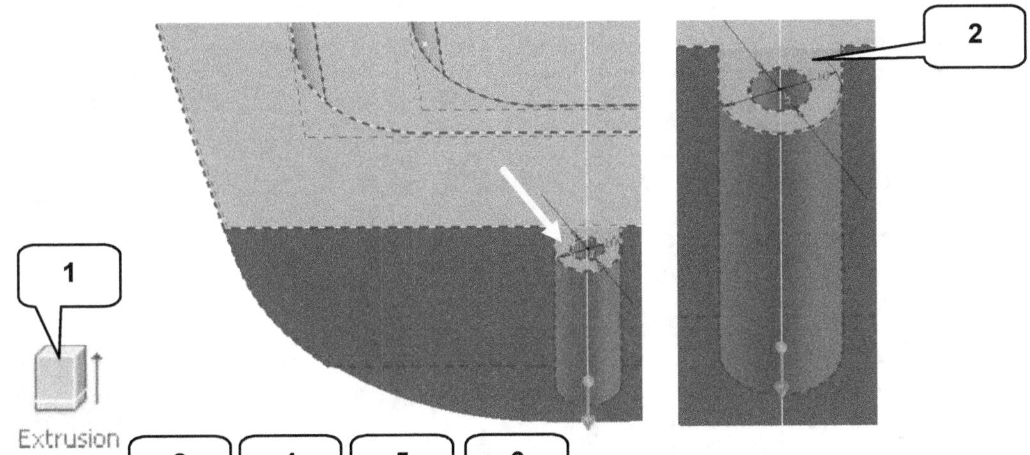

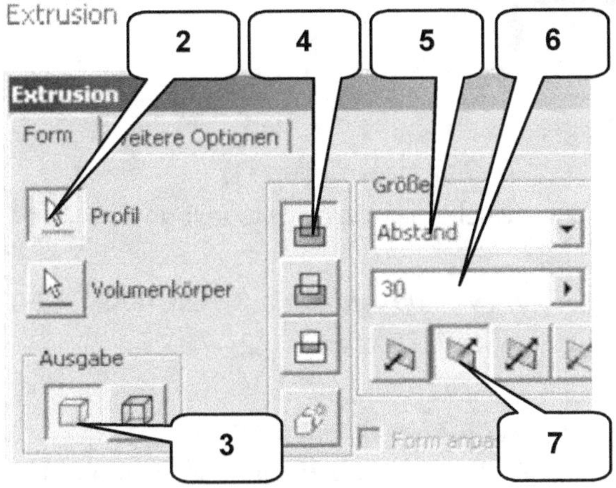

- **Extrusion** (1)
- Profil: Kontur (2) wählen
- Ausgabe: Volumenkörper (3)
- Option: Vereinigung (4)
- Größe: Abstand (5)
- Wert: [30] mm (6)
- Richtung: 2 (7)
- **OK**

5.13 Ruderhalterung abrunden

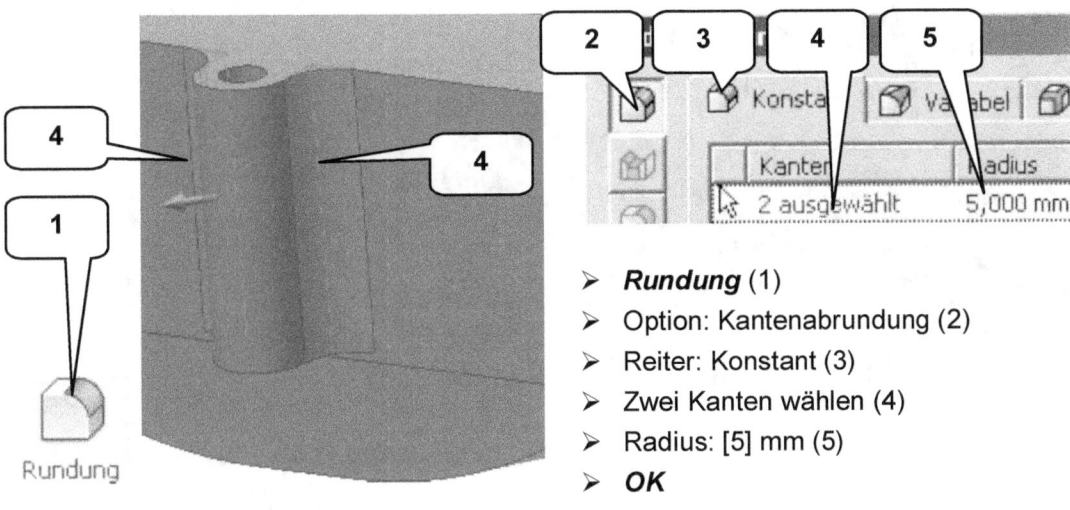

- **Rundung** (1)
- Option: Kantenabrundung (2)
- Reiter: Konstant (3)
- Zwei Kanten wählen (4)
- Radius: [5] mm (5)
- **OK**

5.14 2D-Skizze für Schwert zeichnen

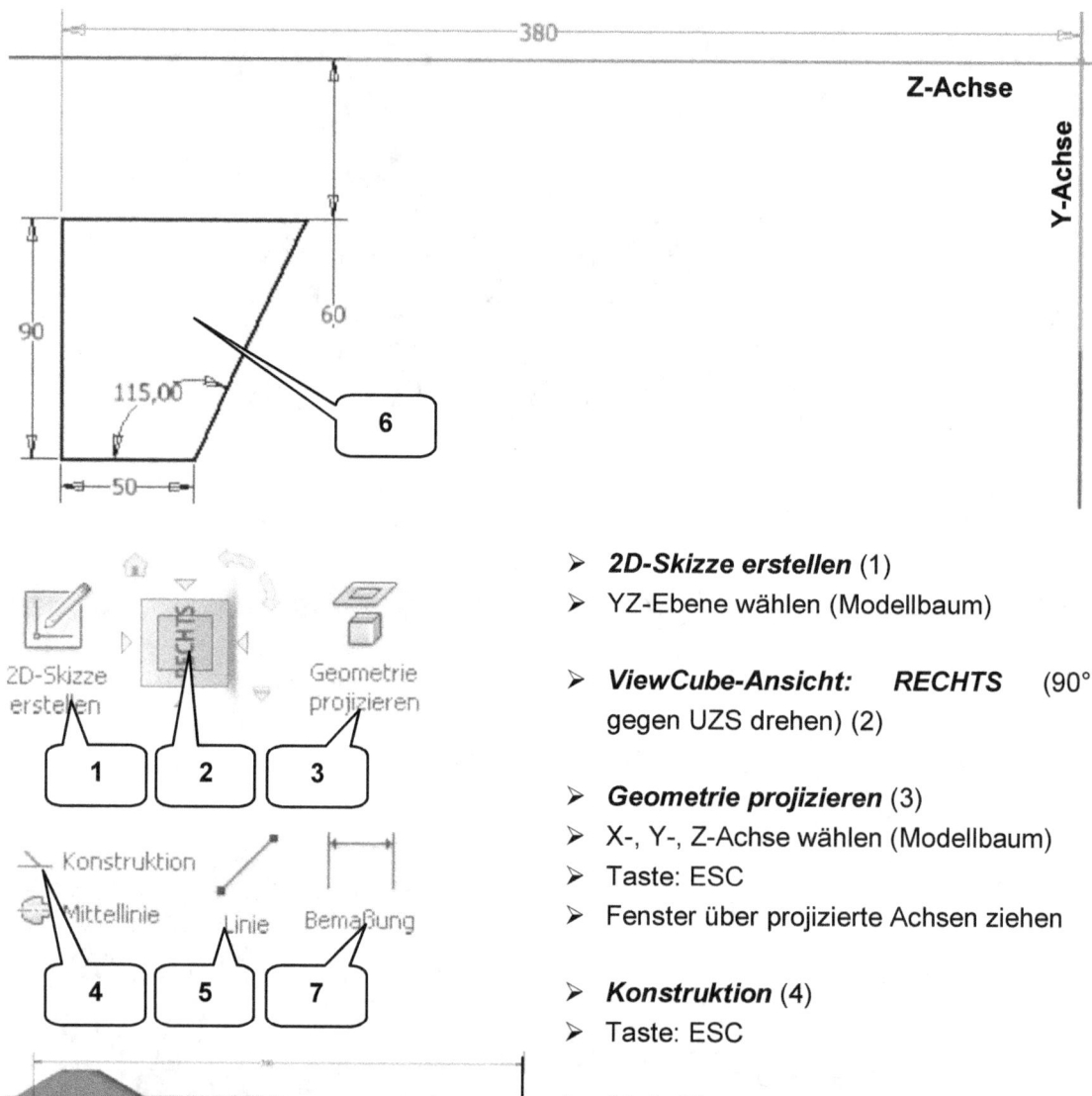

- **2D-Skizze erstellen** (1)
- YZ-Ebene wählen (Modellbaum)

- **ViewCube-Ansicht: RECHTS** (90° gegen UZS drehen) (2)

- **Geometrie projizieren** (3)
- X-, Y-, Z-Achse wählen (Modellbaum)
- Taste: ESC
- Fenster über projizierte Achsen ziehen

- **Konstruktion** (4)
- Taste: ESC

- **Linie** (5)
- Geschlossene Kontur zeichnen (6)

- **Bemaßung** (7)
- Kontur bemaßen
- Taste: ESC

- **Skizze fertig stellen**

5.15 Schwert extrudieren

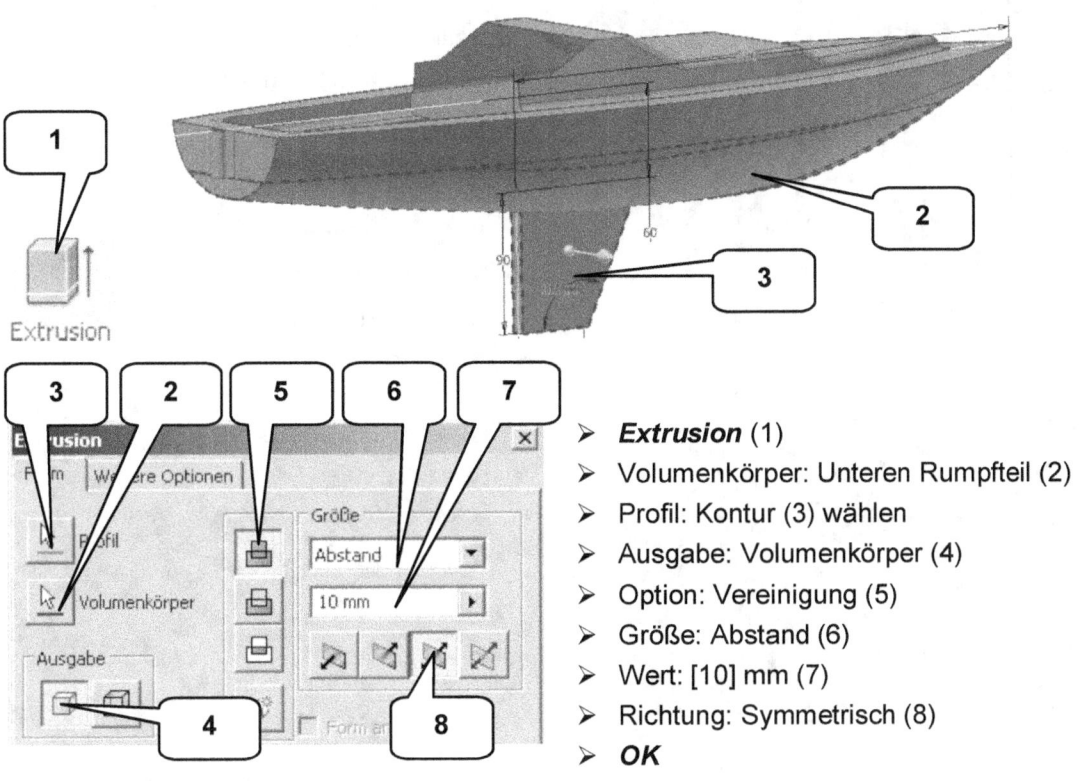

- **Extrusion** (1)
- Volumenkörper: Unteren Rumpfteil (2)
- Profil: Kontur (3) wählen
- Ausgabe: Volumenkörper (4)
- Option: Vereinigung (5)
- Größe: Abstand (6)
- Wert: [10] mm (7)
- Richtung: Symmetrisch (8)
- **OK**

5.16 Schwert abrunden

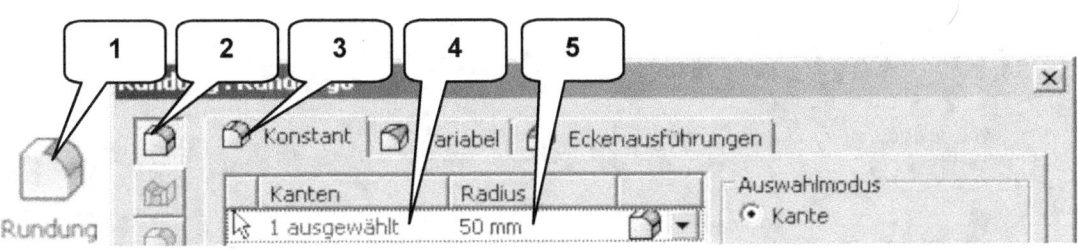

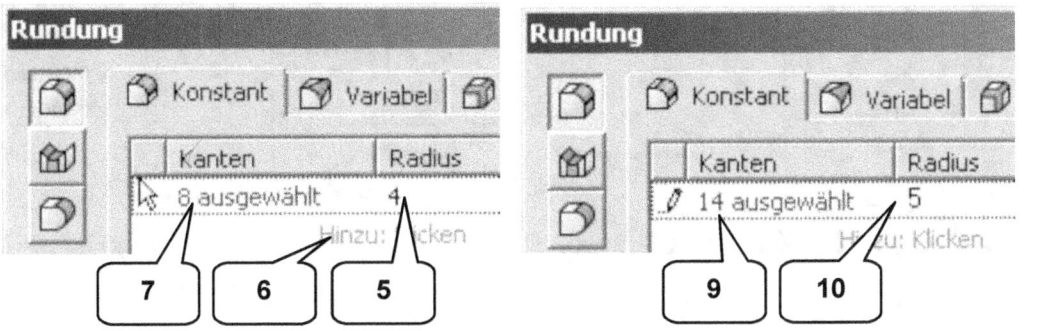

2D-Skizze für die Masthalterung zeichnen

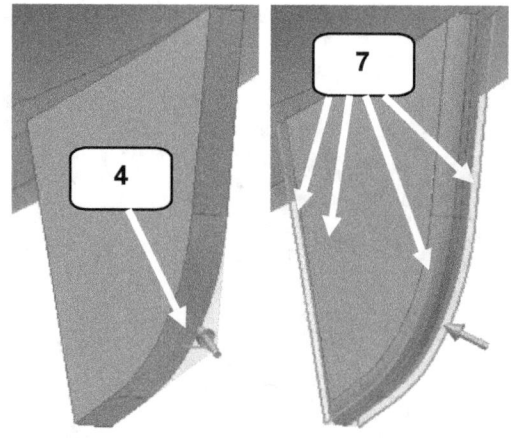

- **Rundung** (1)
- Option: Kantenabrundung (2)
- Reiter: Konstant (3)
- Eine Kante wählen (4)
- Radius: [50] mm (5)
- **Anwenden**

- **Hinzu: Klicken** (6)
- Kanten wählen (7)
- Radius: [4] mm (8)
- **Anwenden**

- **Hinzu: Klicken** (6)
- Kanten wählen (9)
- Radius: [5] mm (10)
- **OK**

5.17 2D-Skizze für die Masthalterung zeichnen

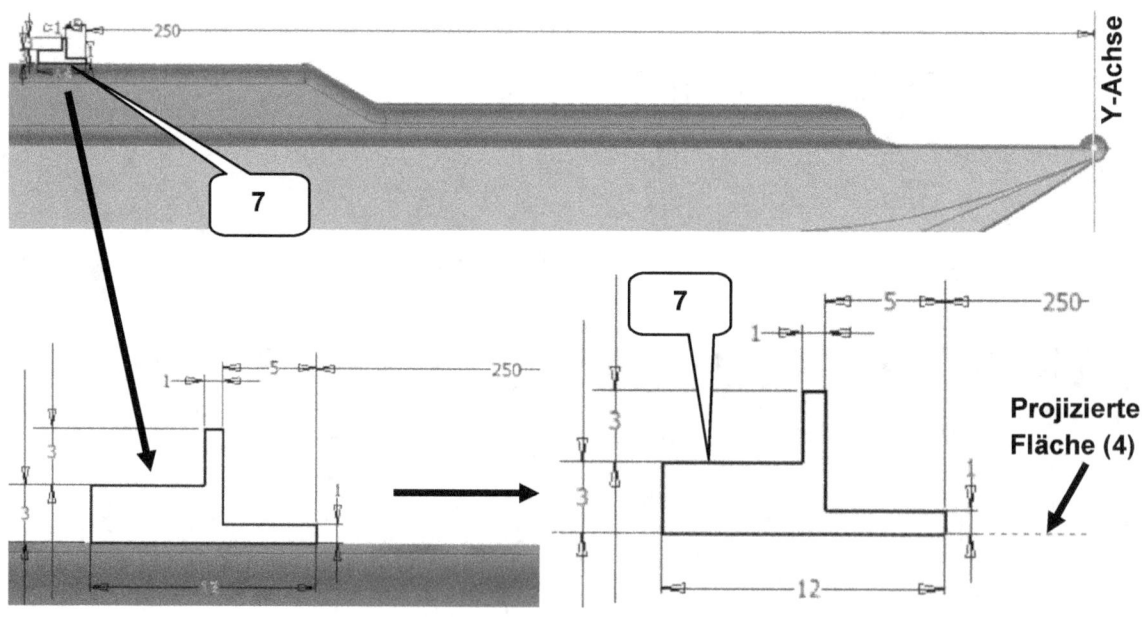

2D-Skizze für die Masthalterung zeichnen

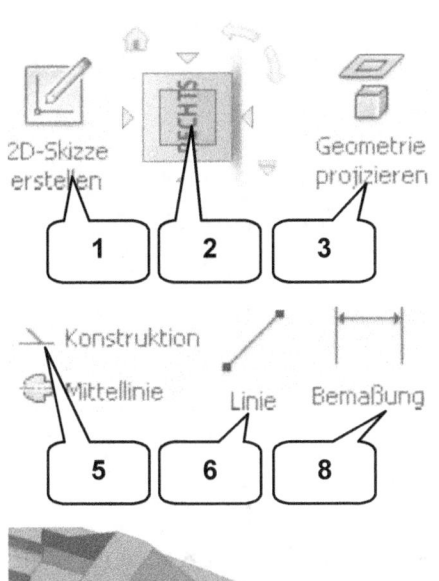

- **2D-Skizze erstellen** (1)
- YZ-Ebene wählen (Modellbaum)

- **ViewCube-Ansicht: RECHTS** (90° gegen UZS drehen) (2)

- Taste „F7" (Skizze aufschneiden)

- **Geometrie projizieren** (3)
- X-, Y-, Z-Achse wählen (Modellbaum)
- Fläche (4) wählen
- Taste: ESC
- Fenster über projizierte Linien ziehen

- **Konstruktion** (5)
- Taste: ESC

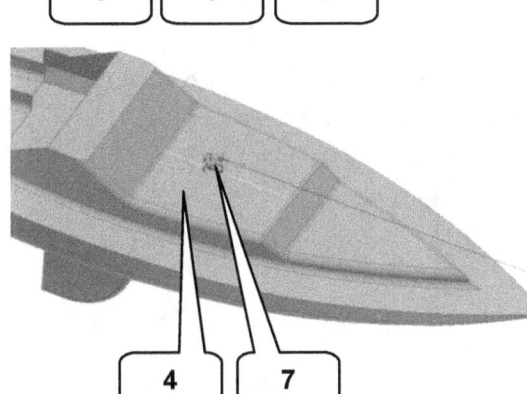

- **Linie** (6)
- Geschlossene Linienkontur zeichnen (7)
- (Die untere Linie der Kontur muss kollinear auf der Linie der projizierten Fläche (4) liegen)

- **Bemaßung** (8)
- Kontur bemaßen wie dargestellt

- **Skizze fertig stellen**

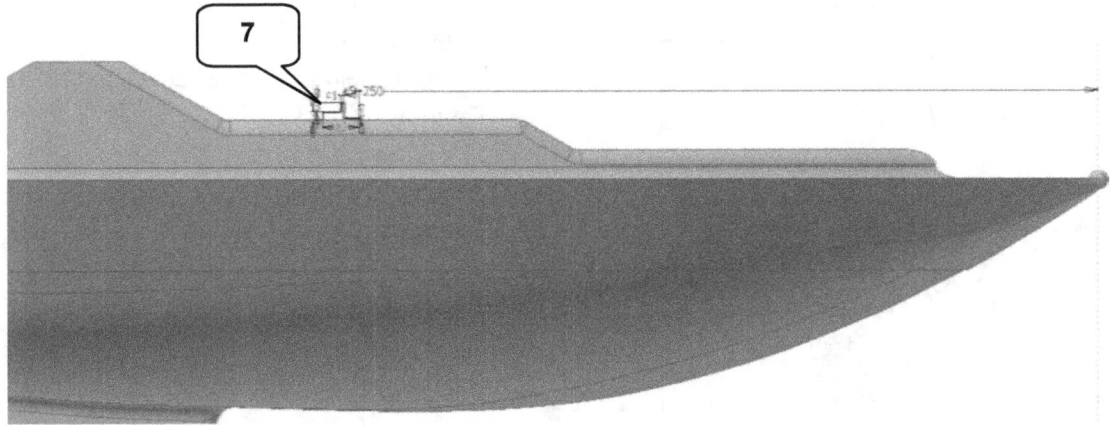

5.18 Masthalterung als Drehobjekt erzeugen

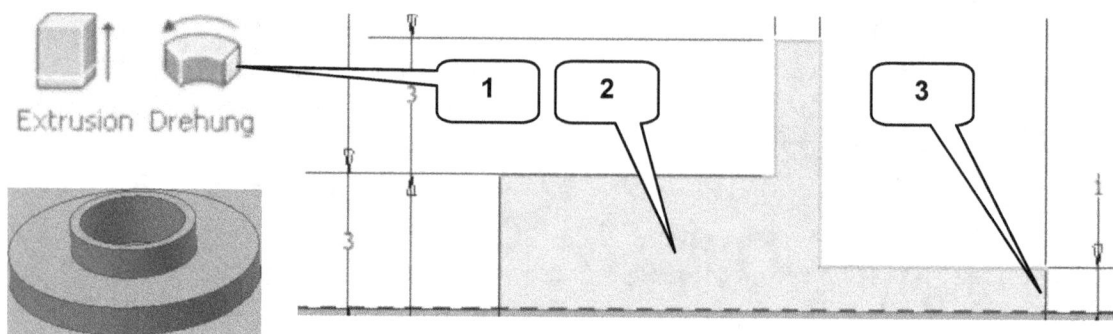

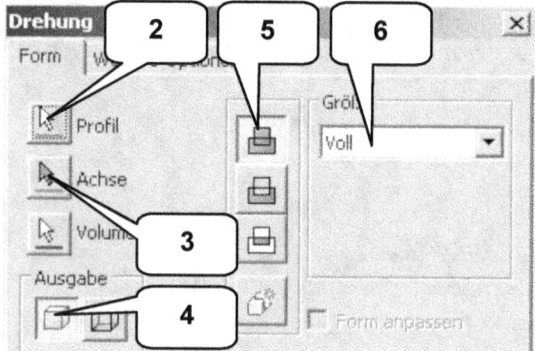

- **Drehung** (1)
- Profil: Kontur (2) wählen
- Achse: Rechte Linie der Kontur (3)
- Ausgabe: Volumenkörper (4)
- Verfahren: Vereinigung (5)
- Größe: Voll (6)
- **OK**

5.19 Farben zuweisen, Datei speichern und schließen

- „Rumpf_Segelboot" im Modellbaum markieren (1)
- Farbe „Roteiche - Natur" zuweisen (2)
- Taste: ESC

- Weitere Flächen markieren und mit eigenen Farben versehen
- Sichtbarkeit der noch sichtbaren Ebenen entfernen

- **Speichern**
- **Datei schließen**

6 Ruder und Pinne

Agenda

- Bauteildatei „Ruder" erstellen
- Basisskizze des Ruders zeichnen
- Ruder extrudieren
- Pinne als Quader erzeugen
- Fasen des Ruderblattes
- Pinne abrunden
- Pinne mit Gewinde versehen
- Ruderblatt abrunden
- Farben zuweisen, Datei speichern und schließen

6.1 Bauteil „Ruder" erstellen

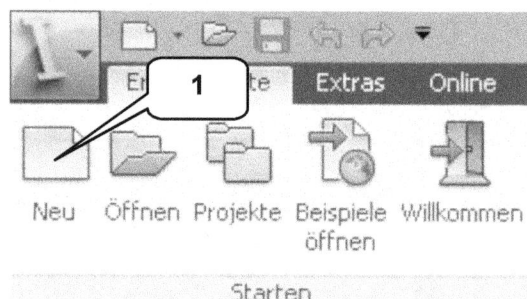

- ➢ **Neu** (1)
- ➢ Templates (2)
- ➢ Bauteil: Norm.ipt (3)
- ➢ **Erstellen** (4)

- ➢ **Speichern** (5)
- ➢ Dateiname: [Ruder] (6)
- ➢ **Speichern** (7)

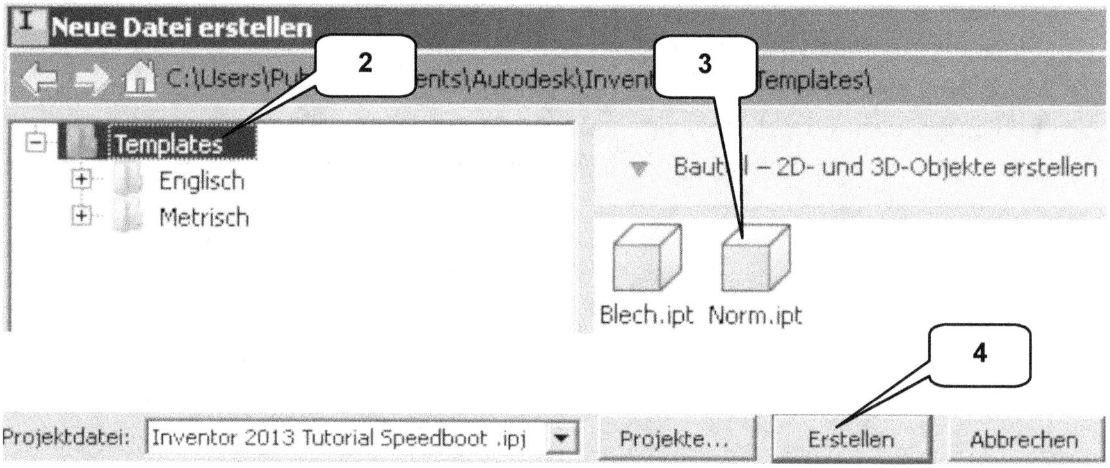

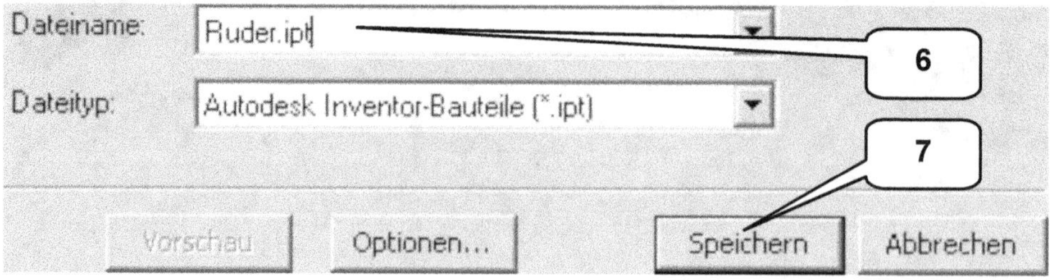

6.2 Basisskizze des Ruders zeichnen

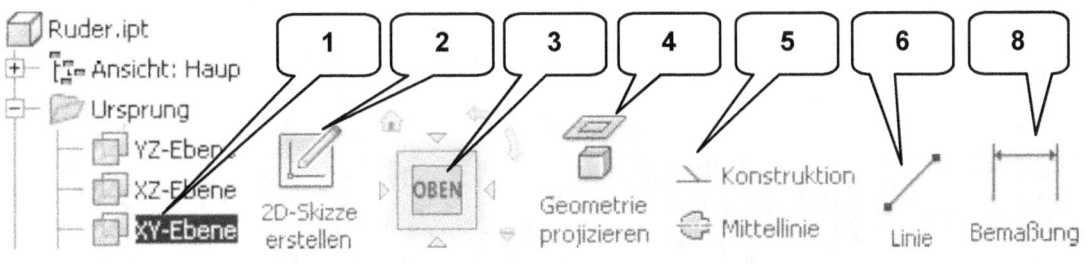

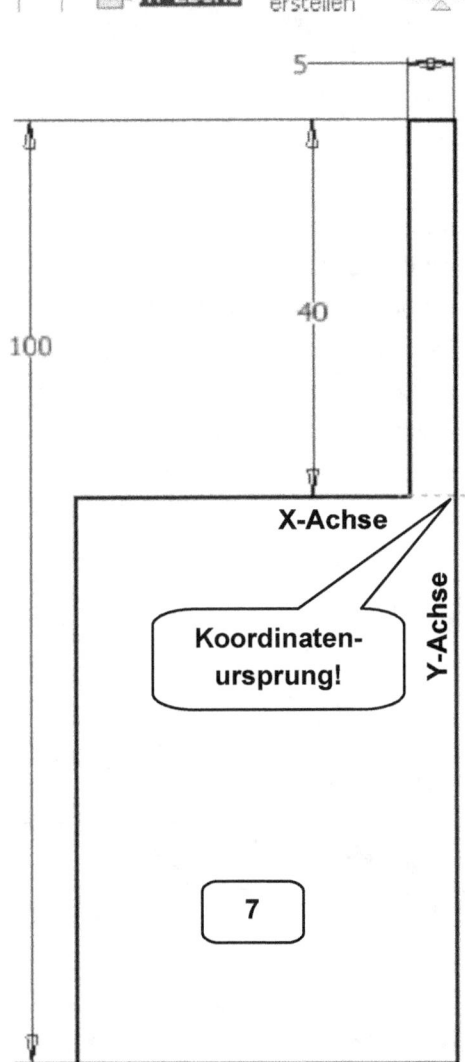

- Ordner „Ursprung" im Modellbaum aufklappen
- XY-Ebene markieren (1)

- ***2D-Skizze erstellen*** (2)

- ***ViewCube-Ansicht: OBEN*** (3)

- ***Geometrie projizieren*** (4)
- X-, Y-, Z-Achse wählen
- Taste: ESC
- Fenster über projizierte Achsen ziehen

- ***Konstruktion*** (5)
- Taste: ESC

- ***Linie*** (6)
- Kontur (7) zeichnen
- Taste: ESC

- ***Bemaßung*** (8)
- Kontur bemaßen wie dargestellt

- ***Skizze fertig stellen***

6.3 Ruder extrudieren

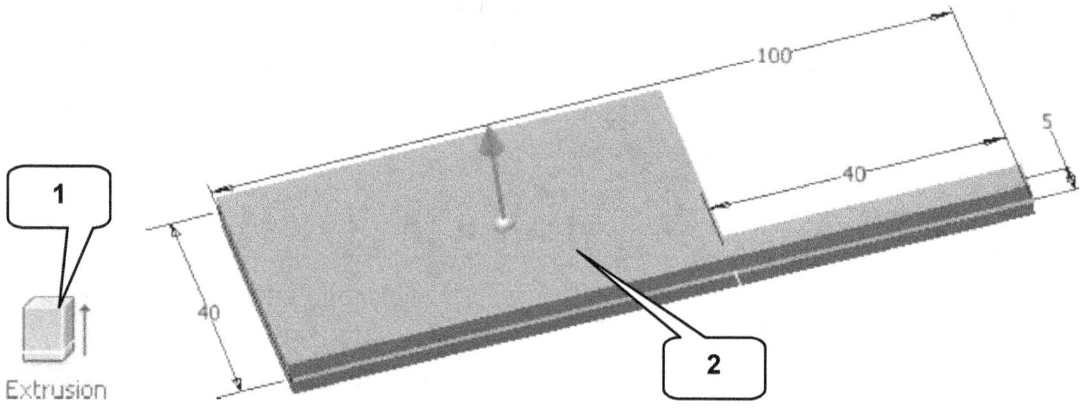

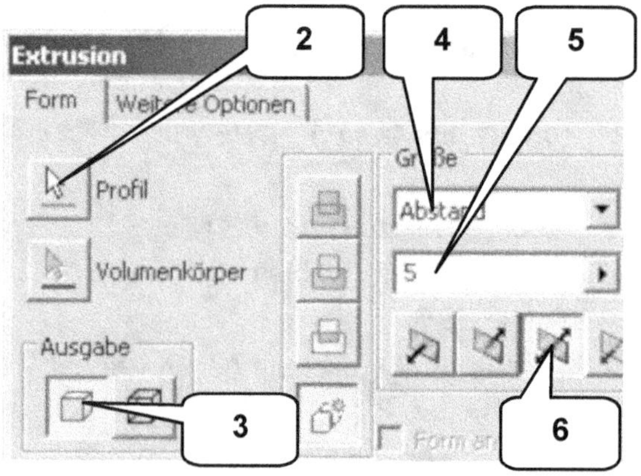

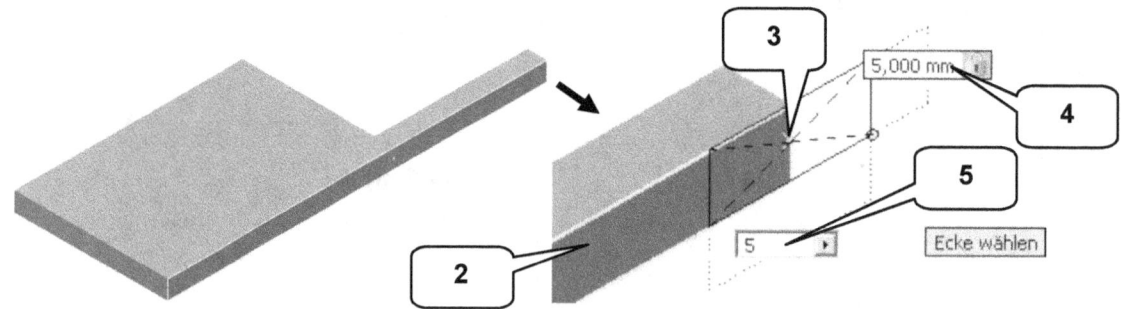

- **Extrusion** (1)
- Profil: Kontur (2) wählen
- Ausgabe: Volumenkörper (3)
- Größe: Abstand (4)
- Wert: [5] mm (5)
- Richtung: Symmetrisch (6)
- **OK**

6.4 Pinne als Quader erzeugen

- **Quader** (1)
- Fläche (2) wählen
- Mittelpunkt (Quader) auf Linienmittelpunkt der projizierten Linie setzen (3)

- Taste: TAB
- Breite: [5] mm (4)
- Taste: TAB
- Höhe: [5] mm (5)
- Taste: ENTER

Ruderblatt fasen

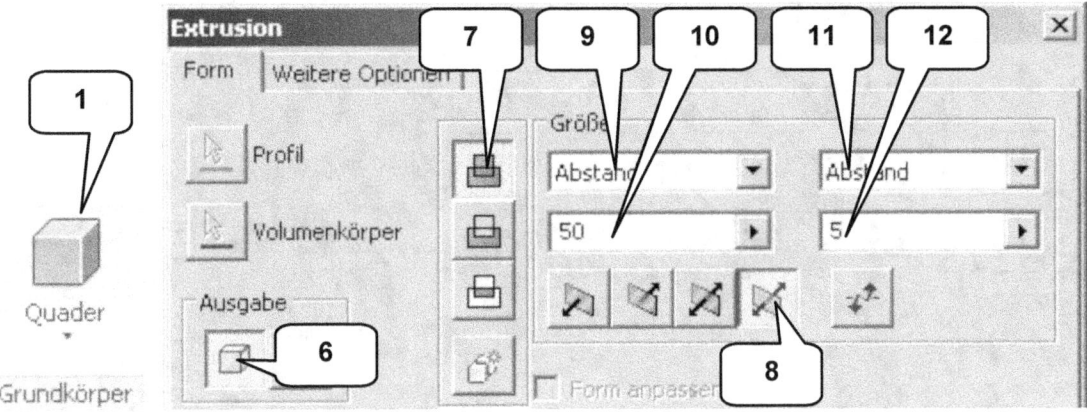

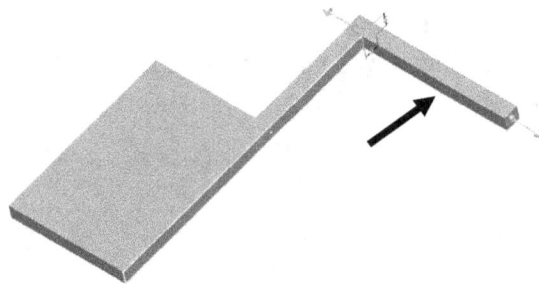

- Ausgabe: Volumenkörper (6)
- Verfahren: Vereinigung (7)
- Option: Asymmetrisch (8)
- Größe 1: Abstand (9)
- Wert 1: [50] mm (10)
- Größe 2: Abstand (11)
- Wert 2: [5] mm (12)
- **OK**

6.5 Ruderblatt fasen

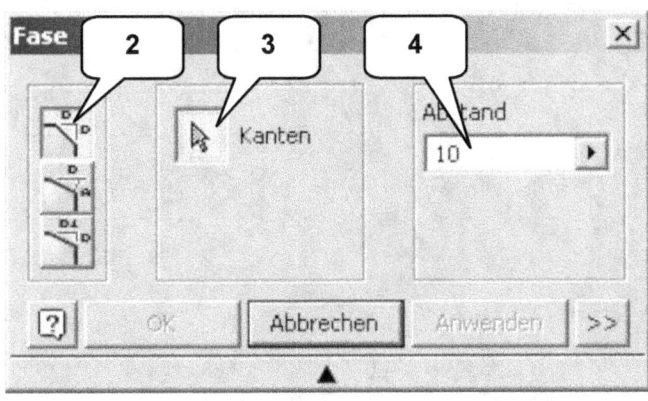

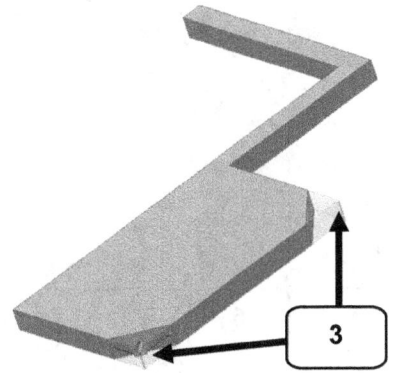

- **Fasen** (1)
- Option: Abstand (2)
- Kanten: Kanten (3) wählen
- Abstand: [10] mm (4)
- **OK**

6.6 Pinne abrunden

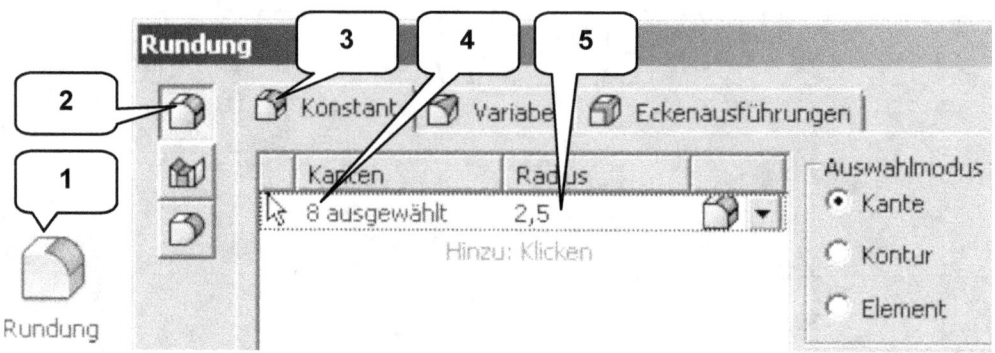

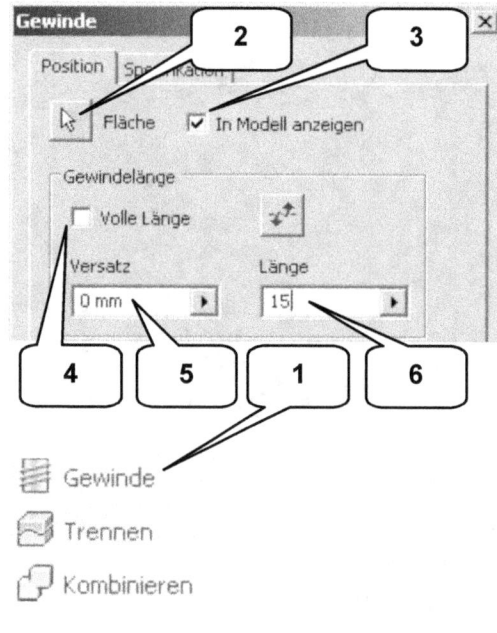

- **Rundung** (1)
- Option: Kantenabrundung (2)
- Reiter: Konstant (3)
- Acht Kanten wählen (4)
- Radius: [2,5] mm (5)
- **OK**

6.7 Pinne mit Gewinde versehen

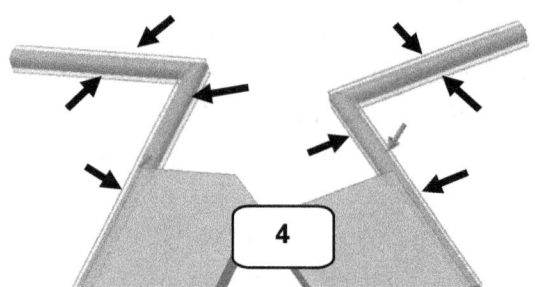

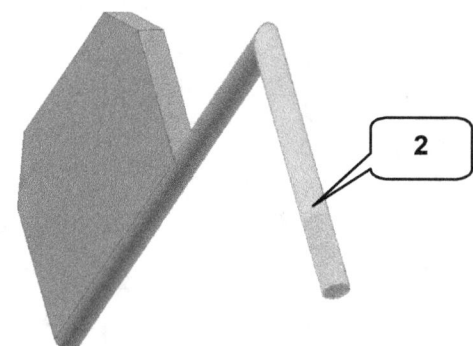

- **Gewinde** (1)
- Fläche: Fläche (2) wählen
- Aktivieren: In Modell anzeigen (3)
- Deaktivieren: Volle Länge (4)
- Versatz: [0] mm (5)
- Länge: [15] mm (6)
- **OK**

6.8 Ruderblatt abrunden

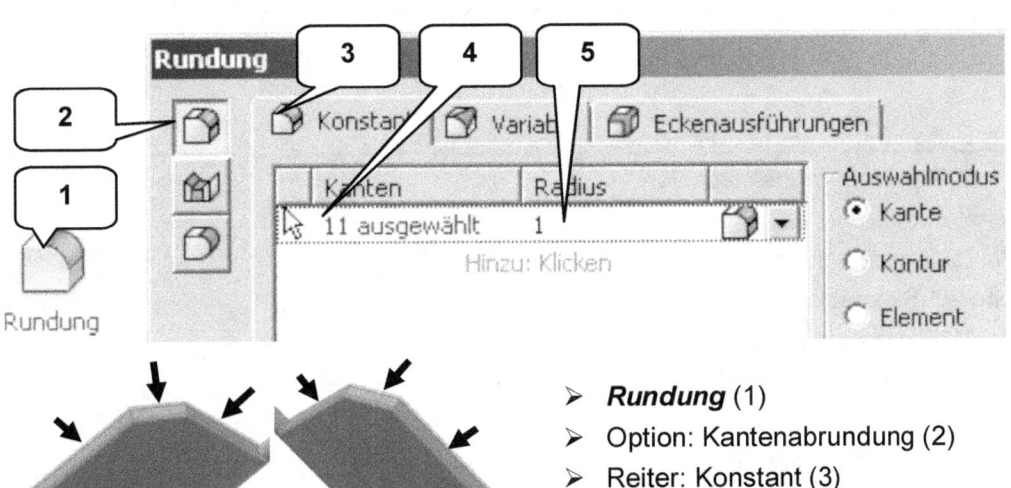

- ➢ **Rundung** (1)
- ➢ Option: Kantenabrundung (2)
- ➢ Reiter: Konstant (3)
- ➢ Elf Kanten wählen (4)
- ➢ Radius: [1] mm (5)
- ➢ **OK**

6.9 Farben zuweisen, Datei speichern und schließen

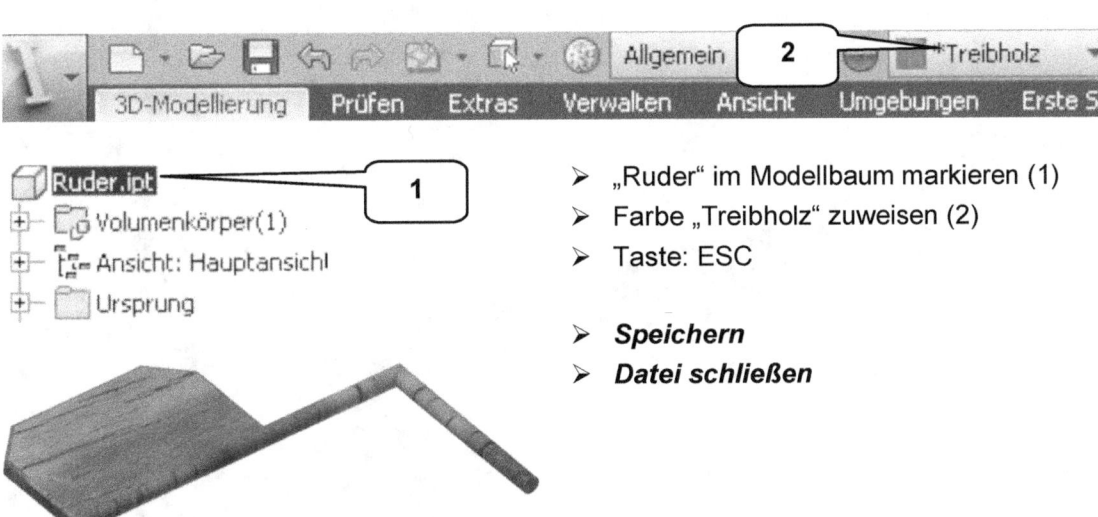

- ➢ „Ruder" im Modellbaum markieren (1)
- ➢ Farbe „Treibholz" zuweisen (2)
- ➢ Taste: ESC

- ➢ **Speichern**
- ➢ **Datei schließen**

7 Schiffsschraube

Agenda

- Bauteil „Schiffsschraube" erstellen
- Ebenen mit Versatz erzeugen
- Erste 2D-Skizze zeichnen
- Zweite 2D-Skizze zeichnen
- Dritte 2D-Skizze zeichnen
- Den ersten Flügel der Schiffsschraube erheben
- Flügel kopieren und polar anordnen
- Zentralen Kugelkopf erzeugen
- Antriebswelle durch Zylinder erzeugen
- Farben zuweisen, Datei speichern und schließen

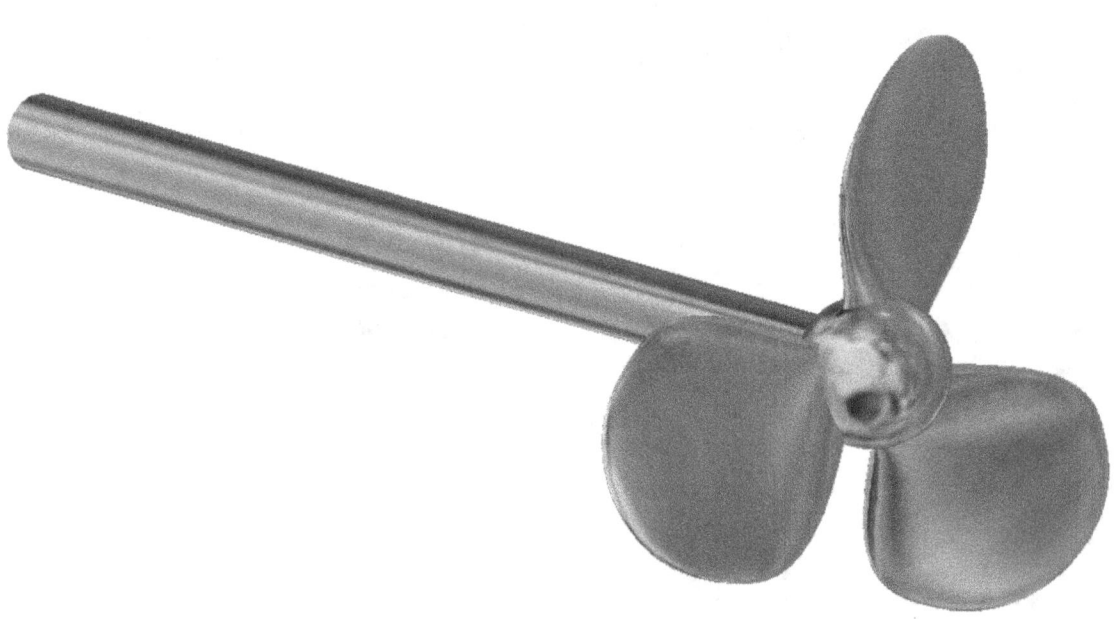

7.1 Bauteil „Schiffsschraube" erstellen

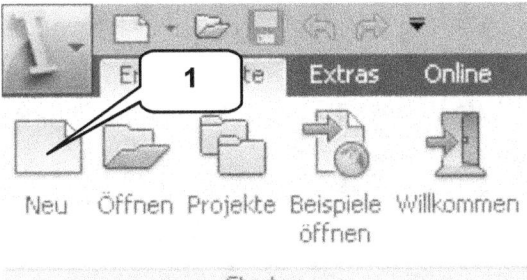

- **Neu** (1)
- Templates (2)
- Bauteil: Norm.ipt (3)
- **Erstellen** (4)

- **Speichern** (5)
- Dateiname: [Schiffsschraube] (6)
- **Speichern** (7)

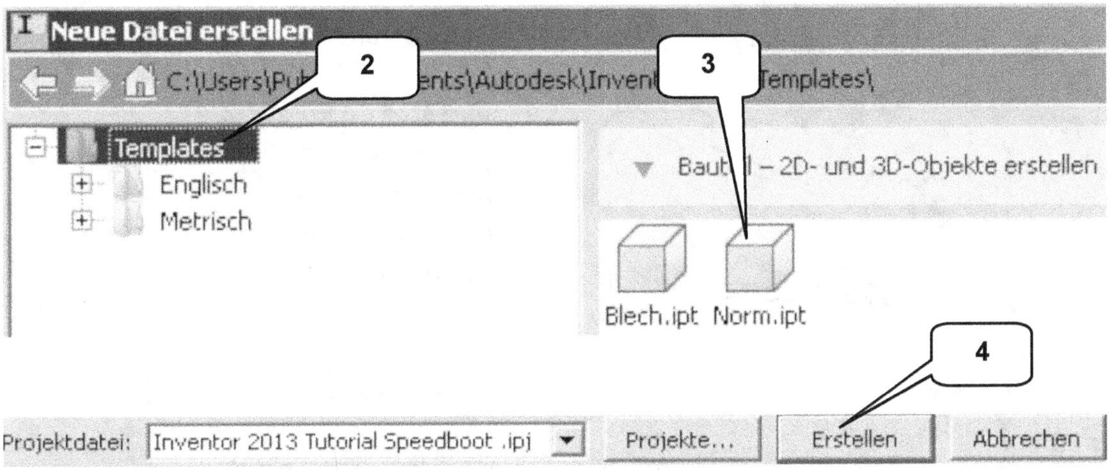

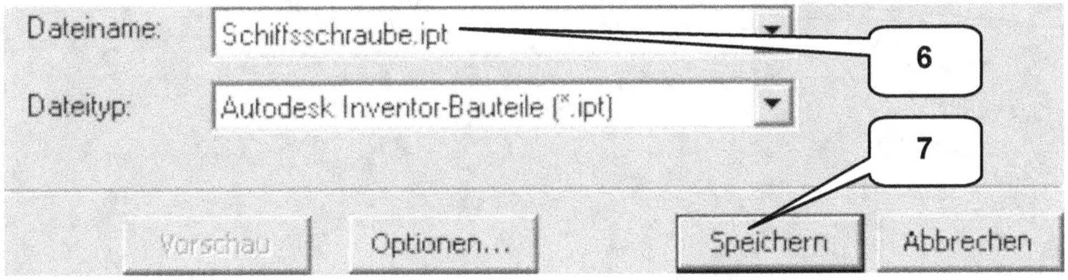

7.2 Ebenen mit Versatz erzeugen

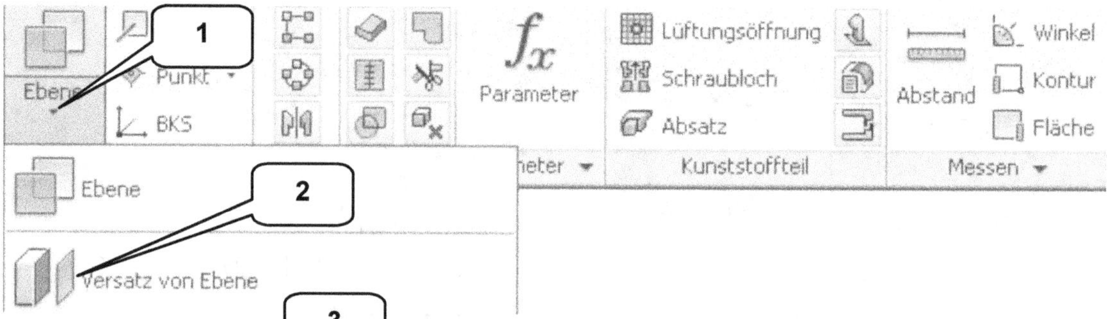

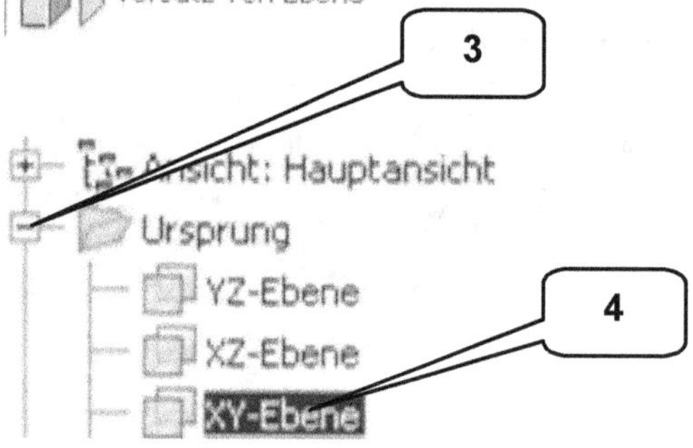

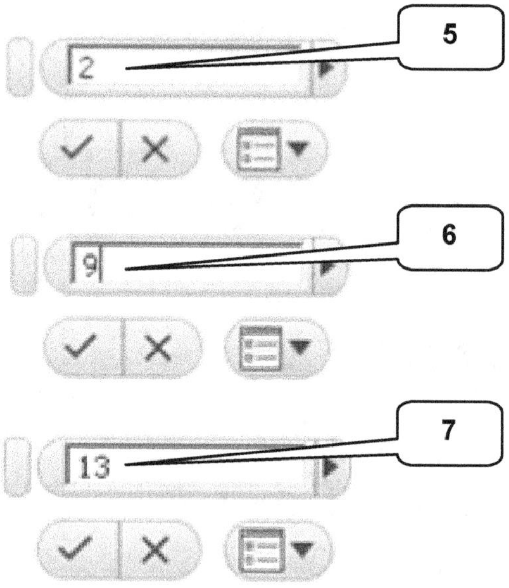

- Befehlsgruppe „Ebenen" erweitern (1)

- ***Versatz von Ebene*** (2)
- Ordner „Ursprung" im Modellbaum erweitern (3)
- XY-Ebene wählen (4)
- Versatzwert: [2] mm (5)
- **OK**

- ***Versatz von Ebene*** (2)
- XY-Ebene wählen (4)
- Versatzwert: [9] mm (6)
- **OK**

- ***Versatz von Ebene*** (2)
- XY-Ebene wählen (4)
- Versatzwert: [13] mm (7)
- **OK**

 Alle Ebenen sind, ausgehend von der XY-Ebene, in dieselbe Richtung zu erzeugen.

7.3 Erste 2D-Skizze zeichnen

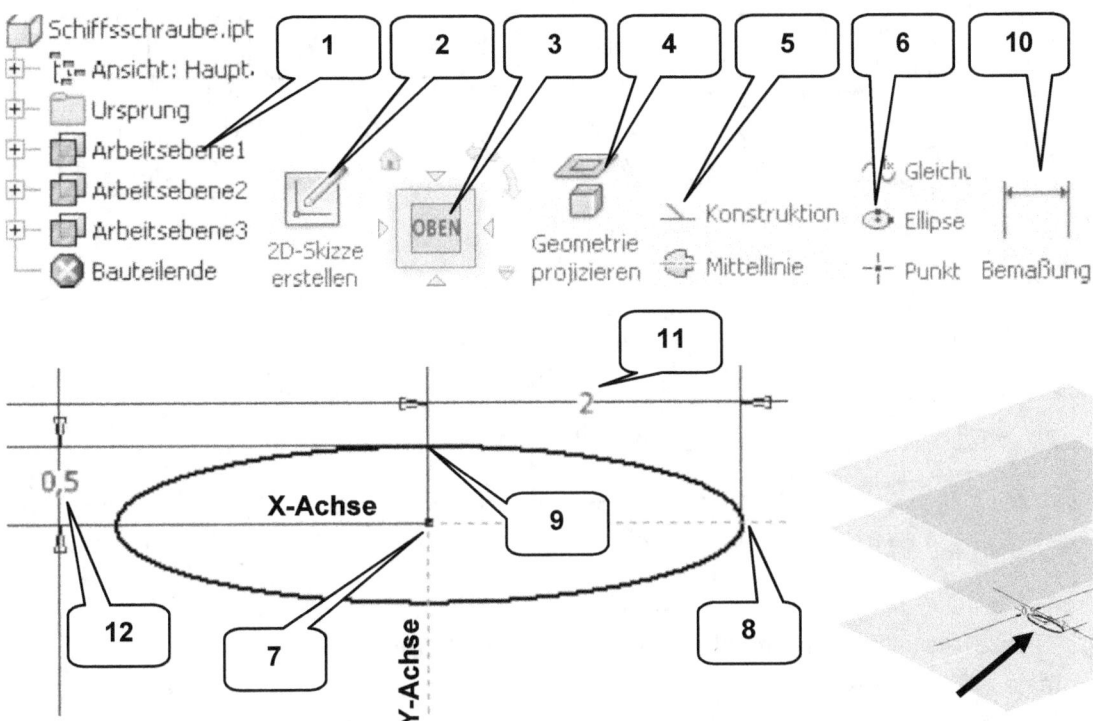

- ➢ 1. Arbeitsebene markieren (1)

- ➢ *2D-Skizze erstellen* (2)

- ➢ *ViewCube-Ansicht: OBEN* (3)

- ➢ *Geometrie projizieren* (4)
- ➢ X-, Y-, Z-Achse wählen
- ➢ Taste: ESC
- ➢ Fenster über projizierte Achsen ziehen

- ➢ *Konstruktion* (5)
- ➢ Taste: ESC

- ➢ *Ellipse* (6)

- ➢ 1. Punkt im Koordinatenursprung ablegen (7)
- ➢ 2. Punkt auf der X-Achse ablegen (8)
- ➢ 3. Punkt auf der Y-Achse ablegen (9)
- ➢ Taste: ESC

- ➢ *Bemaßung* (10)
- ➢ Ellipse markieren
- ➢ 1. Maß oberhalb der Ellipse ablegen
- ➢ Wert: [2] mm (11)
- ➢ Ellipse markieren
- ➢ 2. Maß links neben der Ellipse ablegen
- ➢ Wert: [0,5] mm (12)

- ➢ *Skizze fertig stellen*

7.4 Zweite 2D-Skizze zeichnen

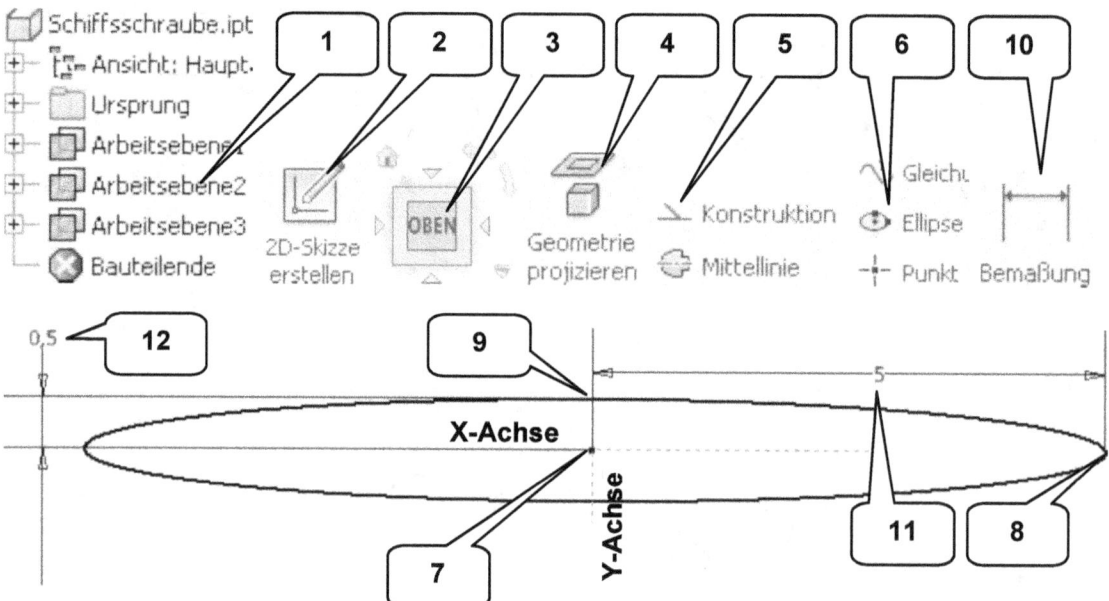

- ➢ „Skizze1" ausblenden (rechte Maustaste > Sichtbarkeit)
- ➢ 2. Arbeitsebene markieren (1)

- ➢ *2D-Skizze erstellen* (2)

- ➢ *ViewCube-Ansicht: OBEN* (3)

- ➢ *Geometrie projizieren* (4)
- ➢ X-, Y-, Z-Achse wählen
- ➢ Taste: ESC
- ➢ Fenster über projizierte Achsen ziehen

- ➢ *Konstruktion* (5)
- ➢ Taste: ESC

- ➢ *Ellipse* (6)
- ➢ 1. Punkt im Koordinatenursprung ablegen (7)
- ➢ 2. Punkt auf der X-Achse ablegen (8)
- ➢ 3. Punkt auf der Y-Achse ablegen (9)
- ➢ Taste: ESC

- ➢ *Bemaßung* (10)
- ➢ Ellipse markieren
- ➢ 1. Maß oberhalb der Ellipse ablegen
- ➢ Wert: [5] mm (11)
- ➢ Ellipse markieren
- ➢ 2. Maß links neben der Ellipse ablegen
- ➢ Wert: [0,5] mm (12)

Dritte 2D-Skizze zeichnen

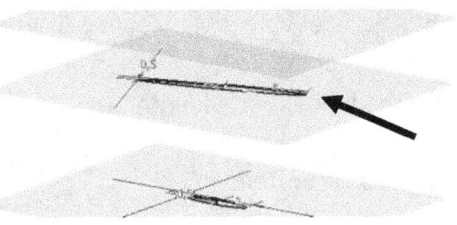

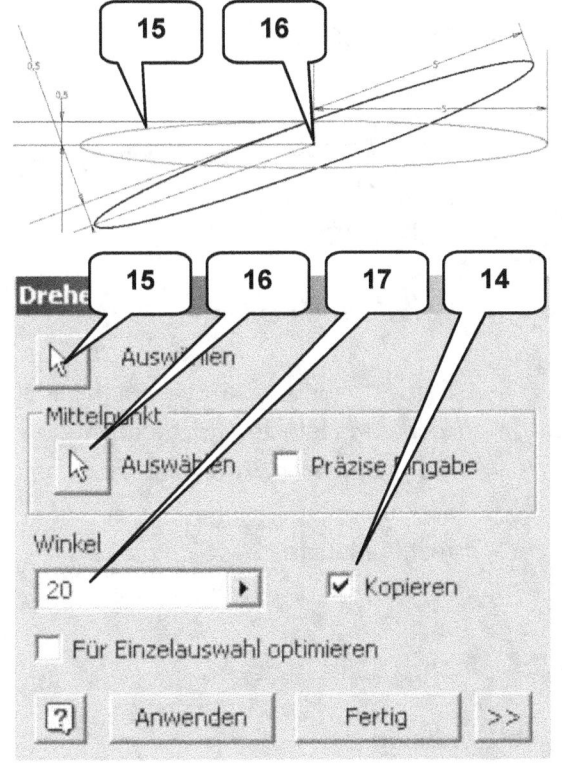

- **Drehen** (13)
- Aktivieren: Kopieren (14)
- Auswählen: Ellipse markieren (15)
- Mittelpunkt: Koordinatenursprung/ Ellipsenmittelpunkt wählen (16)
- Winkel: [20] Grad (17)
- **Anwenden**
- **Fertig**

- Die 1. Ellipse markieren (15)
- Taste: ENTF

- **Skizze fertig stellen**

7.5 Dritte 2D-Skizze zeichnen

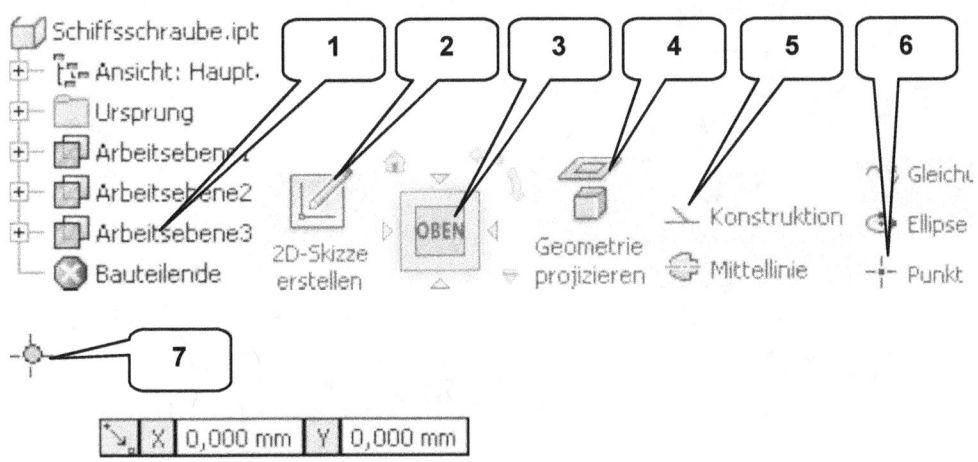

- ➢ „Skizze2" ausblenden (rechte Maustaste > Sichtbarkeit)
- ➢ 3. Arbeitsebene markieren (1)

- ➢ *2D-Skizze erstellen* (2)

- ➢ *ViewCube-Ansicht: OBEN* (3)

- ➢ *Geometrie projizieren* (4)
- ➢ X-, Y-, Z-Achse wählen
- ➢ Taste: ESC
- ➢ Fenster über projizierte Achsen ziehen

- ➢ *Konstruktion* (5)

- ➢ Taste: ESC

- ➢ *Punkt* (6)
- ➢ Punkt im Koordinatenursprung ablegen (7)
- ➢ Taste: ESC

- ➢ *Skizze fertig stellen*

- ➢ „Skizze1" und „Skizze2" einblenden (rechte Maustaste > Sichtbarkeit)
- ➢ Alle sichtbaren Arbeitsebenen ausblenden
- ➢ (rechte Maustaste > Sichtbarkeit)

7.6 Flügel der Schiffsschraube als Erhebung erzeugen

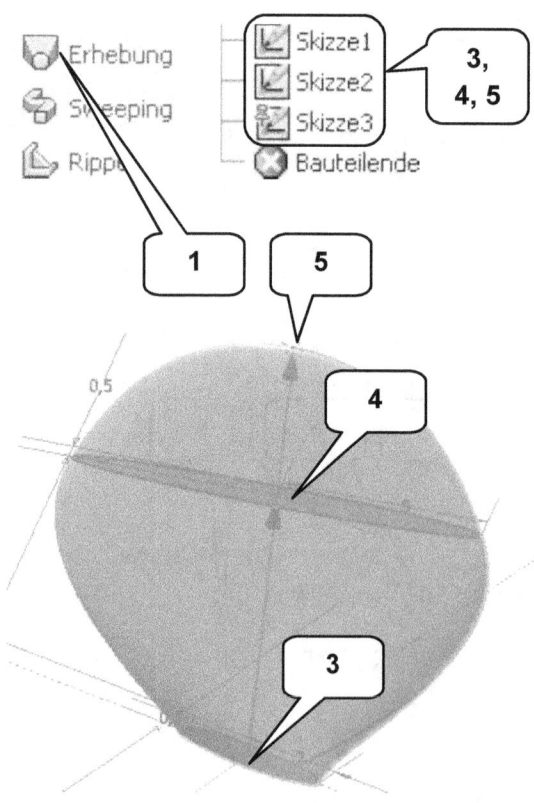

- ➢ *Erhebung* (1)
- ➢ Reiter: Kurven
- ➢ Option: Volumenkörper (2)
- ➢ Schnitte: „Skizze1", „Skizze2" und „Skizze3" nacheinander wählen (3, 4, 5)
- ➢ Reiter: Bedingungen
- ➢ „Bedingung" (Skizze3) auf „Tangente" ändern (4)
- ➢ „Gewicht" (Skizze3) auf den Wert [4,5] ändern (5)
- ➢ *OK*

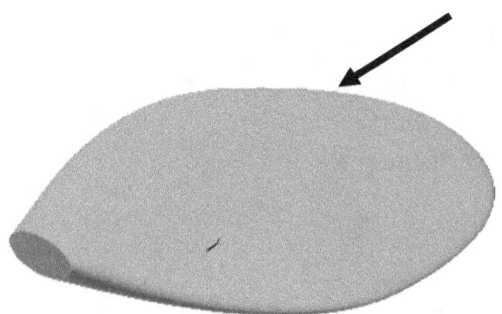

Flügel polar anordnen

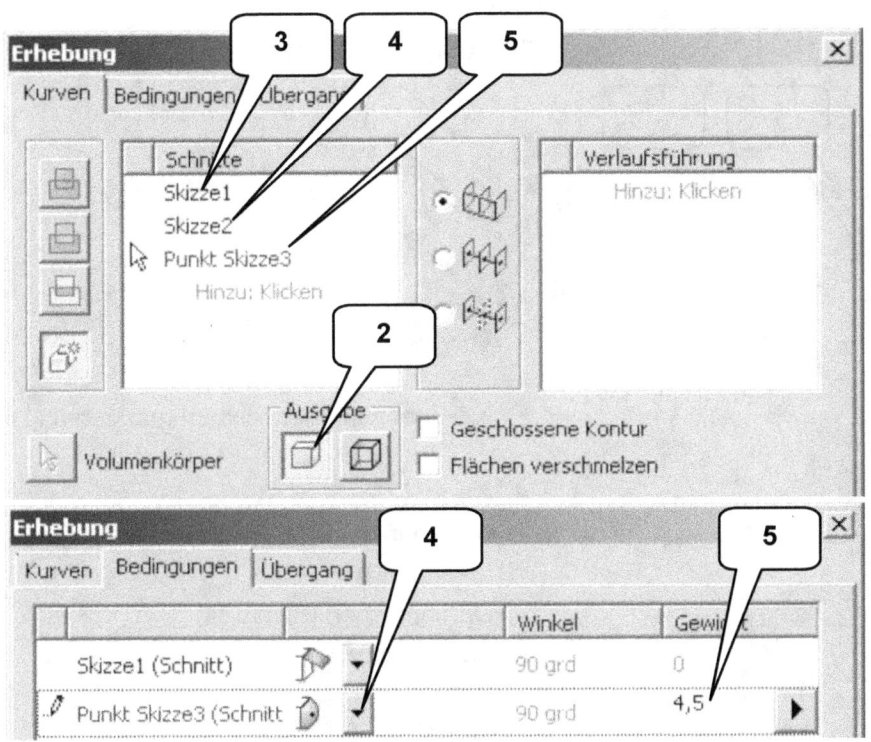

7.7 Flügel polar anordnen

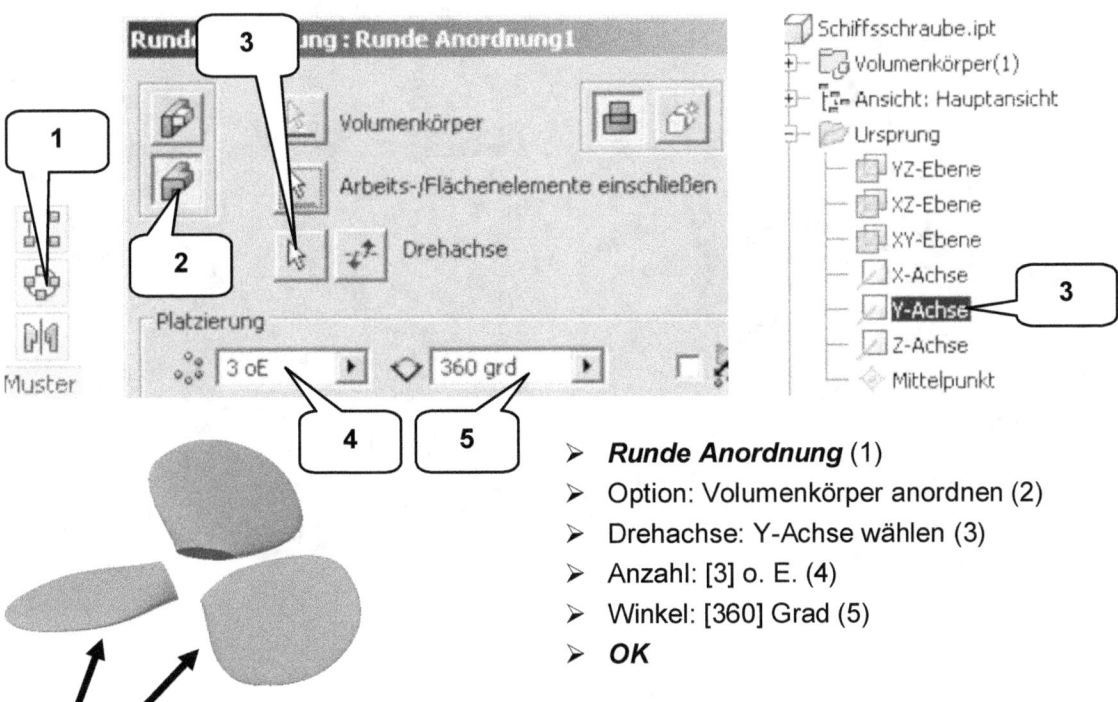

- **Runde Anordnung** (1)
- Option: Volumenkörper anordnen (2)
- Drehachse: Y-Achse wählen (3)
- Anzahl: [3] o. E. (4)
- Winkel: [360] Grad (5)
- **OK**

7.8 Zentralen Kugelkopf erzeugen

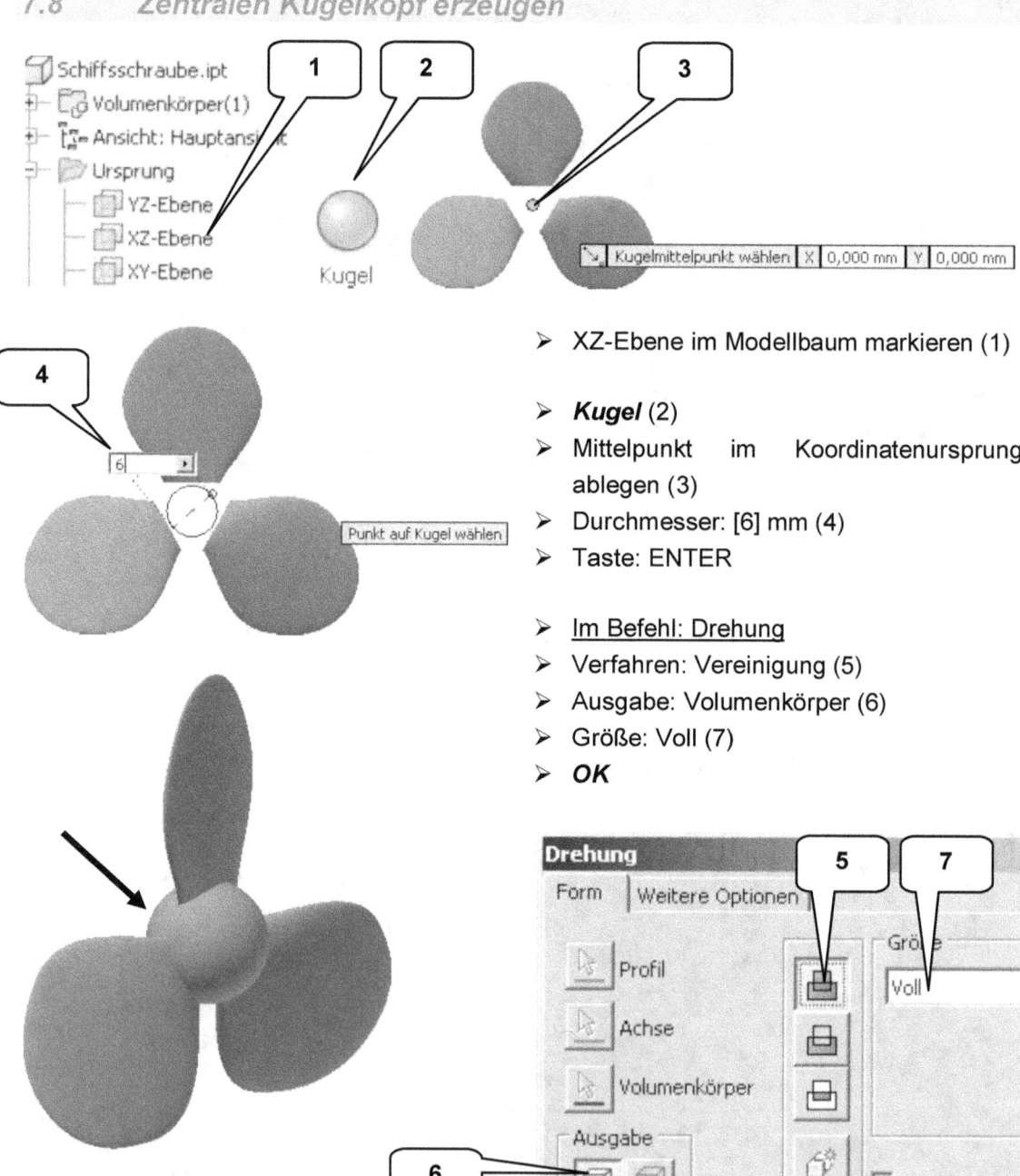

- XZ-Ebene im Modellbaum markieren (1)

- **Kugel** (2)
- Mittelpunkt im Koordinatenursprung ablegen (3)
- Durchmesser: [6] mm (4)
- Taste: ENTER

- Im Befehl: Drehung
- Verfahren: Vereinigung (5)
- Ausgabe: Volumenkörper (6)
- Größe: Voll (7)
- **OK**

7.9 Antriebswelle mittels Zylinder erzeugen

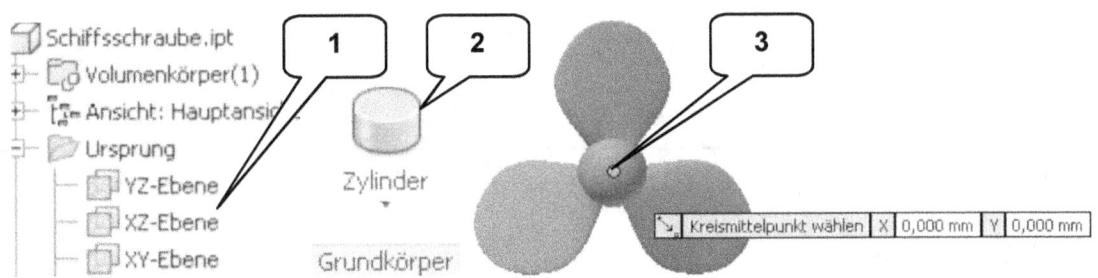

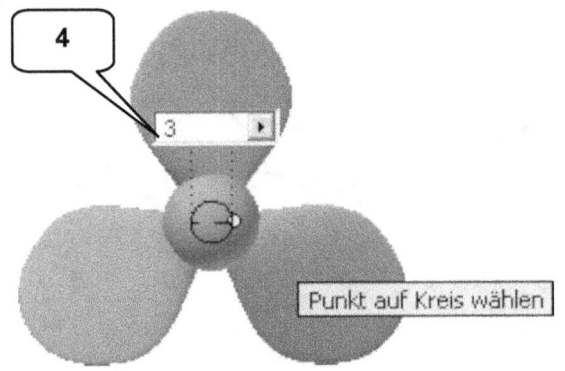

- XZ-Ebene im Modellbaum markieren (1)

- **Zylinder** (2)
- Mittelpunkt im Koordinatenursprung ablegen (3)
- Durchmesser: [3] mm (4)
- Taste: ENTER

- Im Befehl: Extrusion
- Ausgabe: Volumenkörper (5)
- Verfahren: Vereinigung (6)
- Größe: Abstand (7)
- Wert: [50] mm (8)
- Richtung: 2 (9)
- **OK**

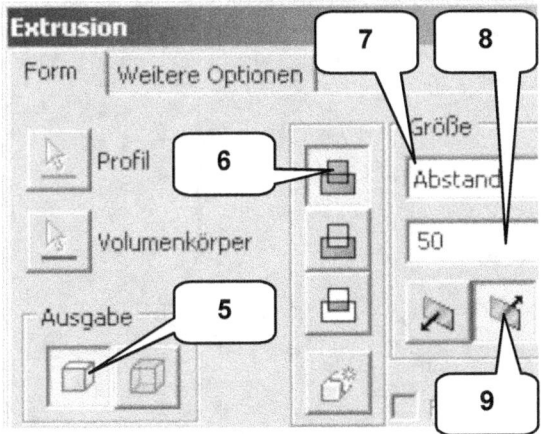

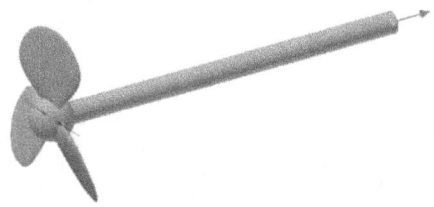

7.10 Farben zuweisen, Datei speichern und schließen

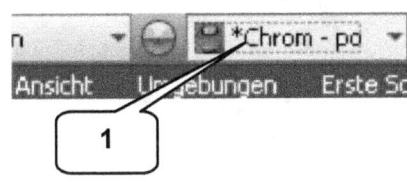

- „Schiffsschraube" im Modellbaum markieren
- Farbe „Chrom - poliert - blau" (1)

- Datei **speichern** und **schließen**

8 Mast, Baum und Segel

Agenda

- Bauteil „Mast_Baum_Segel" erstellen
- 2D-Skizze des Masts zeichnen
- Mast extrudieren
- 2D-Skizze des Baums zeichnen
- Baum extrudieren
- 2D-Skizze des Segels zeichnen
- Segel als Umgrenzungsfläche erzeugen
- Farben zuweisen, Datei speichern und schließen

8.1 Bauteil „Mast_Baum_Segel" erstellen

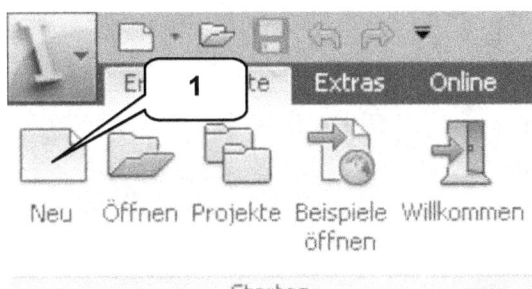

- **Neu** (1)
- Templates (2)
- Bauteil: Norm.ipt (3)
- **Erstellen** (4)

- **Speichern** (5)
- Dateiname: [Mast_Baum_Segel] (6)
- **Speichern** (7)

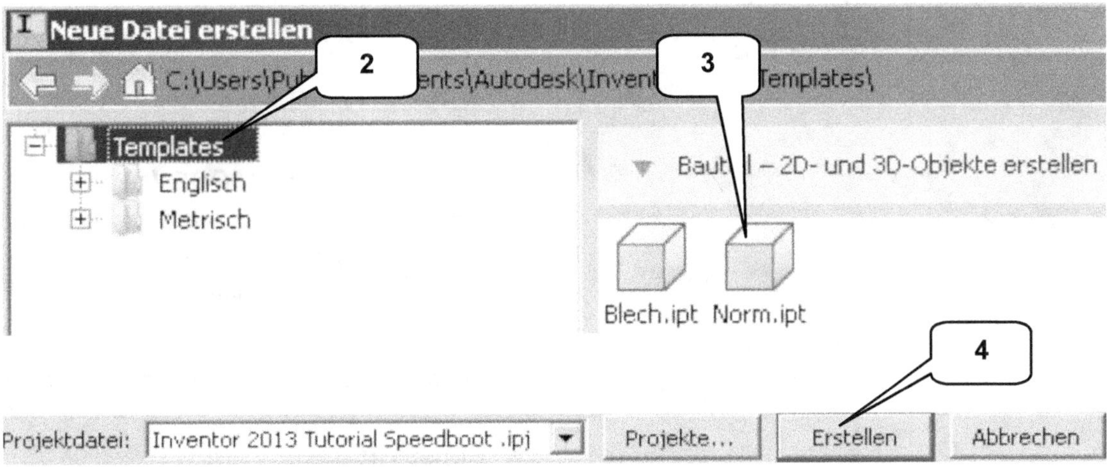

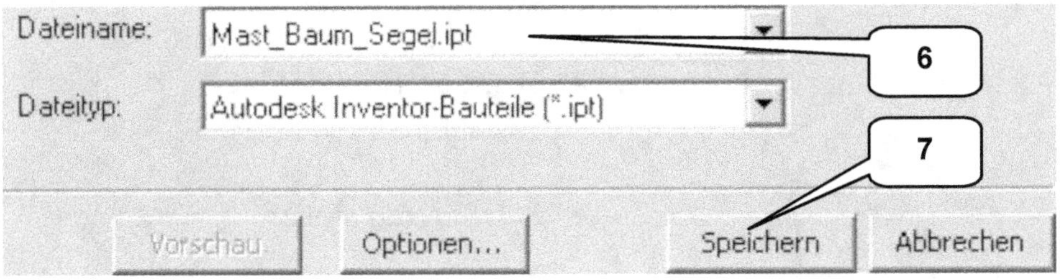

8.2 Basisskizze des Masts zeichnen

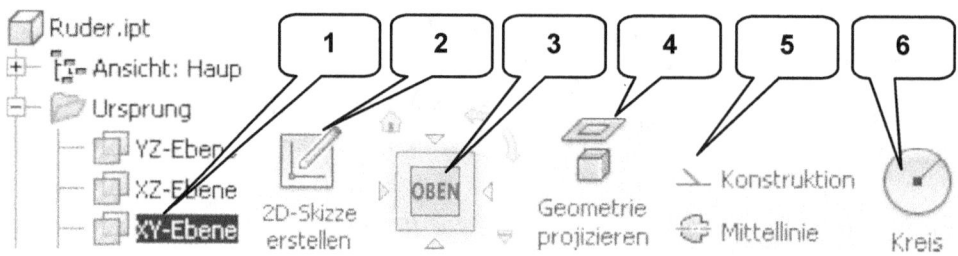

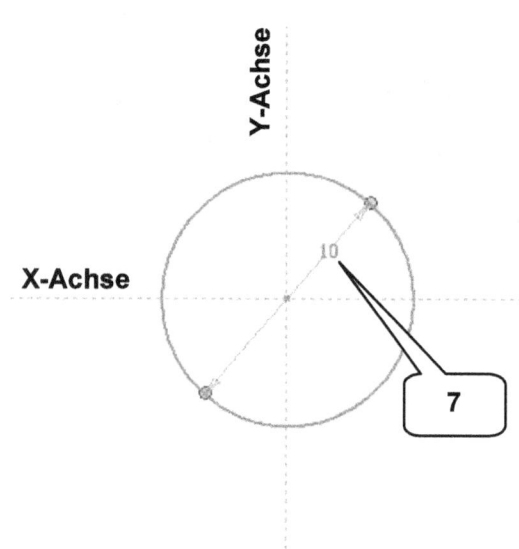

- Ordner „Ursprung" im Modellbaum aufklappen
- XY-Ebene markieren (1)

- **2D-Skizze erstellen** (2)

- **ViewCube-Ansicht: OBEN** (3)

- **Geometrie projizieren** (4)
- X-, Y-, Z-Achse wählen
- Taste: ESC
- Fenster über projizierte Achsen ziehen

- **Konstruktion** (5)
- Taste: ESC

- **Kreis** (6)
- Kreismittelpunkt im Koordinatenursprung ablegen
- Durchmesser: [10] mm (7)
- Taste: ENTER
- Taste: ESC

- **Skizze fertig stellen**

8.3 Mast extrudieren

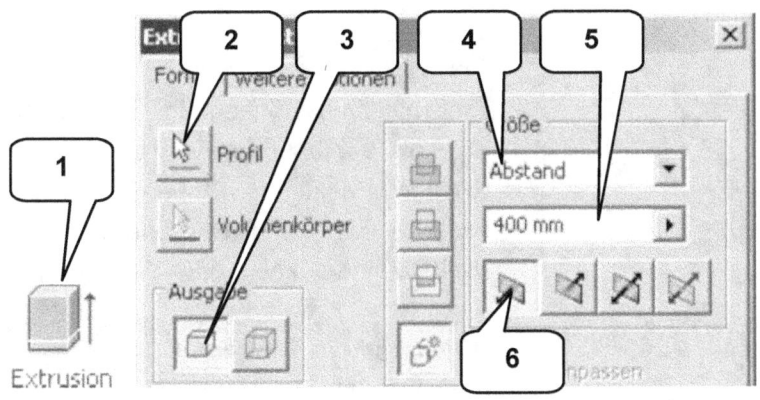
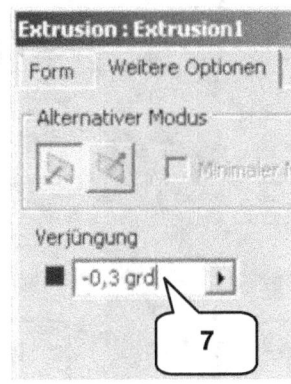

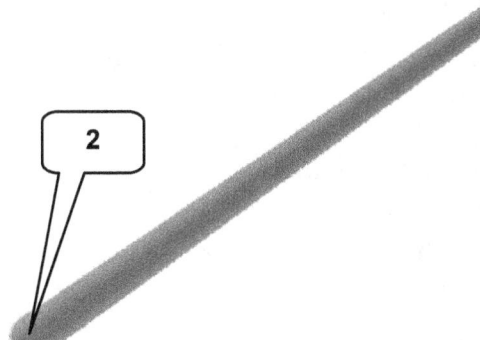

- ➤ **Extrusion** (1)
- ➤ Reiter: Form
- ➤ Profil: Kreis (2) wählen (automatisch)
- ➤ Ausgabe: Volumenkörper (3)
- ➤ Größe: Abstand (4)
- ➤ Wert: [400] mm (5)
- ➤ Richtung: 1 (6)
- ➤ Reiter: Weitere Optionen
- ➤ Verjüngung: [-0,3] Grad (7)
- ➤ **OK**

8.4 Basisskizze des Baums zeichnen

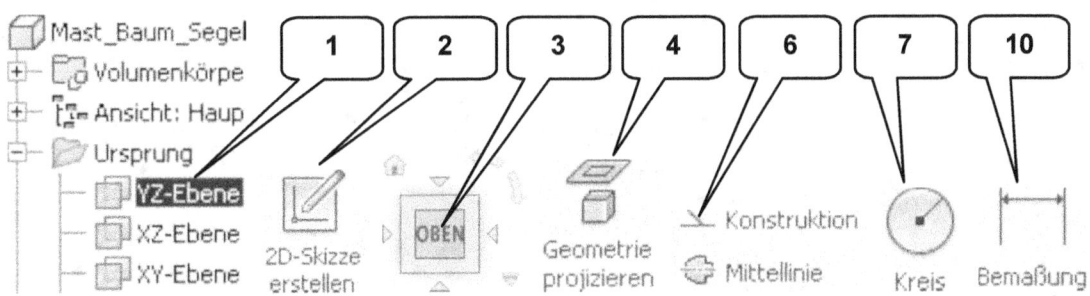

- ➤ YZ-Ebene markieren (1)

- ➤ **2D-Skizze erstellen** (2)
- ➤ **ViewCube-Ansicht: OBEN** (3)

- ➤ **Geometrie projizieren** (4)
- ➤ X-, Y-, Z-Achse wählen (Modellbaum)
- ➤ Außenkanten (5, 6) am Mast wählen
- ➤ Taste: ESC

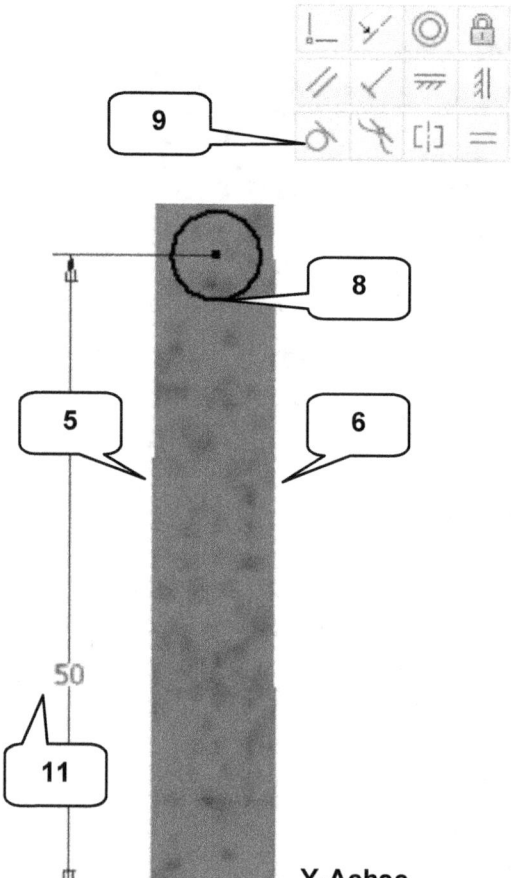

- **Konstruktion** (6)
- Taste: ESC

- **Kreis** (7)
- Kreismittelpunkt innerhalb des Masts ablegen (oberhalb der Y-Achse)
- Zweiten Punkt des Kreises ablegen, sodass sich der Kreis innerhalb des Masts befindet (keine Bemaßung!) (8)

- **Abhängigkeit: Tangential** (9)
- Kreis wählen (8)
- Projizierte Kante (5) wählen
- Kreis wählen (8)
- Projizierte Kante (6) wählen
- Taste: ESC

- **Bemaßung** (10)
- Kreismittelpunkt wählen
- Y-Achse wählen
- Maß ablegen
- Wert: [50] mm (11)
- Taste: ESC

- **Skizze fertig stellen**

8.5 Baum extrudieren

Basisskizze des Segels zeichnen

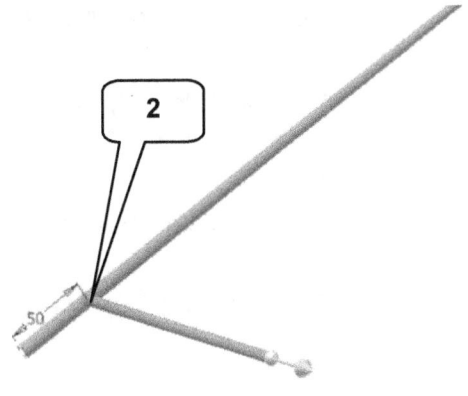

- **Extrusion** (1)
- Reiter: Form
- Profil: Kreis (2) wählen (automatisch)
- Ausgabe: Volumenkörper (3)
- Größe: Abstand (4)
- Wert: [250] mm (5)
- Richtung: 1 (6)
- Reiter: Weitere Optionen
- Verjüngung: [-0,3] Grad (7)
- **OK**

8.6 Basisskizze des Segels zeichnen

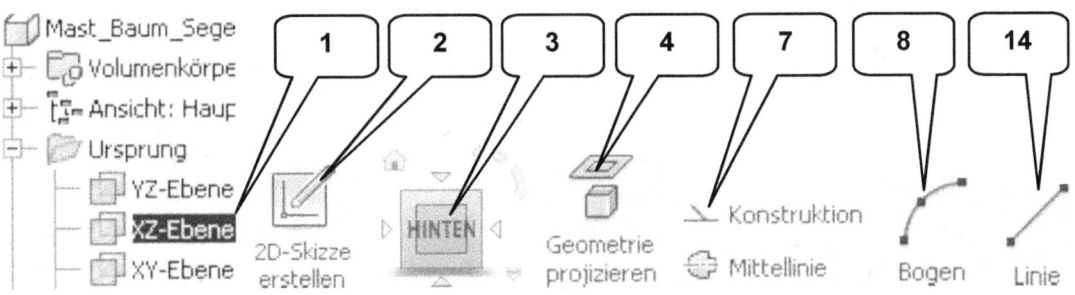

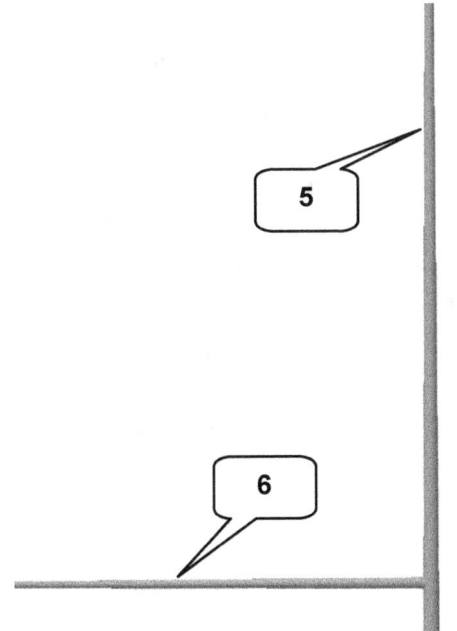

- Ordner „Ursprung" im Modellbaum aufklappen
- XZ-Ebene markieren (1)

- **2D-Skizze erstellen** (2)

- **ViewCube-Ansicht: HINTEN** (3)

- **Geometrie projizieren** (4)
- Außenkante des Masts (5) und Außenkante des Baums (6) projizieren
- Taste: ESC
- Fenster über projizierte Linien ziehen

- **Konstruktion** (7)
- Taste: ESC

Basisskizze des Segels zeichnen

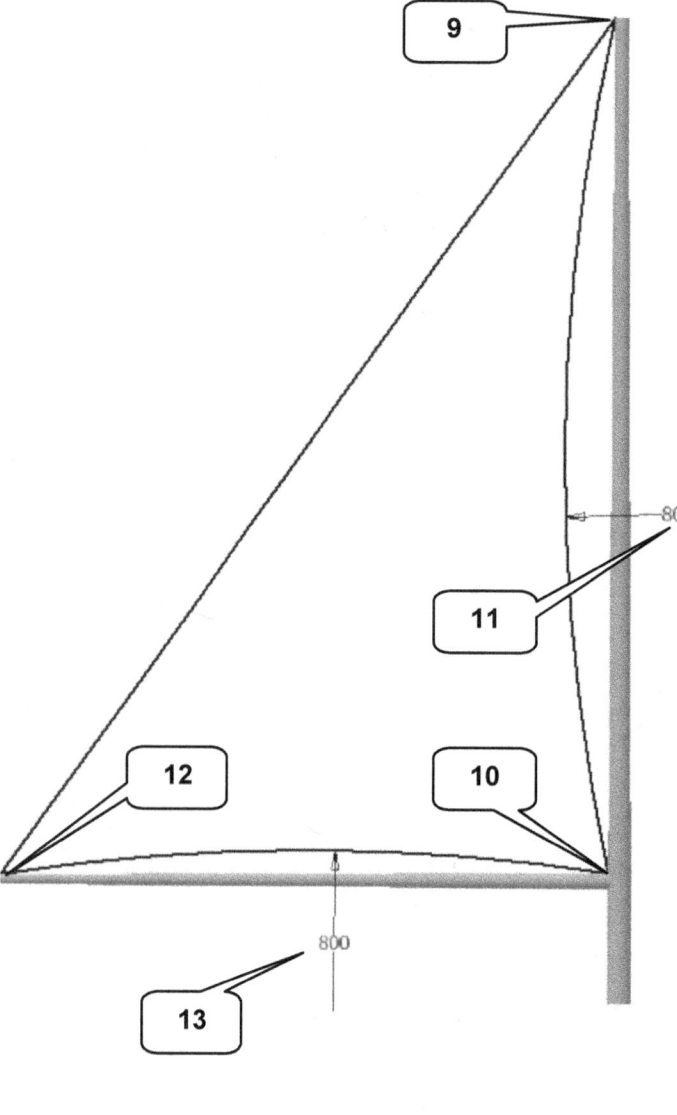

- **Bogen durch drei Punkte** (8)
- 1. Punkt: Punkt (9) wählen
- 2. Punkt: Punkt (10) wählen
- Maus etwas nach links ziehen
- Bogenradius: [800] mm (11)
- Taste: ENTER
- Taste: ESC

- **Bogen durch drei Punkte** (8)
- 1. Punkt: Punkt (10) wählen
- 2. Punkt: Punkt (12) wählen
- Maus etwas nach oben ziehen
- Bogenradius: [800] mm (13)
- Taste: ENTER
- Taste: ESC

- *Linie* (14)
- 1. Punkt: Punkt (9) wählen
- 2. Punkt: Punkt (12) wählen
- Taste: ESC

- **Skizze fertig stellen**

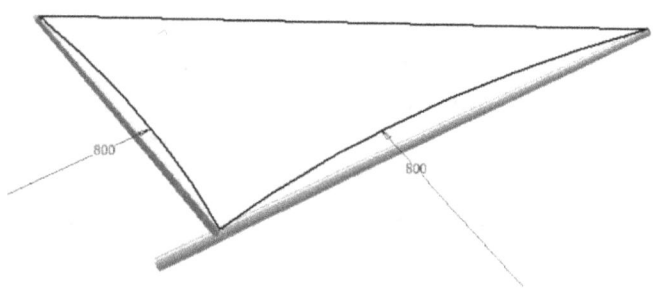

8.7 Segel als Flächenelement (Umgrenzungsfläche) erzeugen

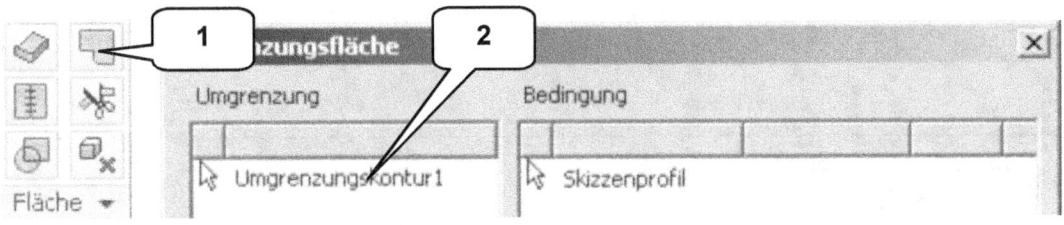

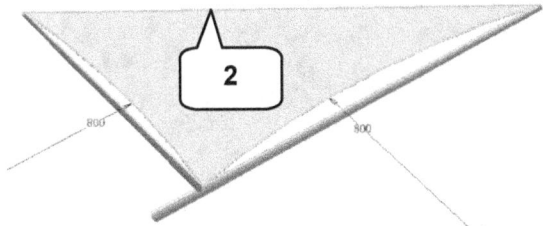

- ***Umgrenzungsfläche*** (1)
- Umgrenzungskontur: Linie wählen (2)
- ***OK***

- (Programm sollte die geschlossene Kontur erkennen)

8.8 Farben zuweisen, Datei speichern und schließen

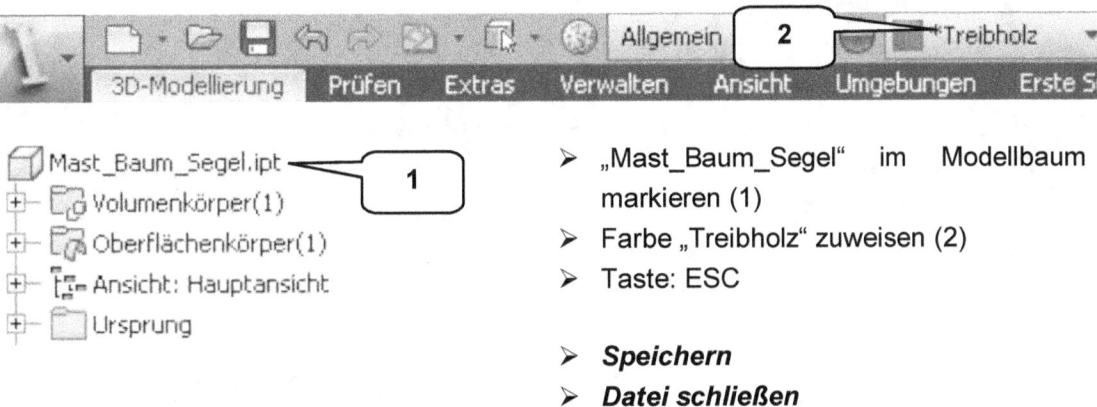

- „Mast_Baum_Segel" im Modellbaum markieren (1)
- Farbe „Treibholz" zuweisen (2)
- Taste: ESC

- ***Speichern***
- ***Datei schließen***

 Voraussetzung für den Befehl „Umgrenzungsfläche" ist eine geschlossene 2D-Kontur. Sollte die Kontur nicht erkannt werden, muss in die Skizze zurückgewechselt werden und die Kontur dort geschlossen werden (rechte Maustaste auf eine der Linien > Kontur schließen). Eine „Umgrenzungsfläche" stellt eine gewichtslose Fläche dar, welcher später Material hinzugefügt werden kann (Befehl: Verdickung/ Versatz).

9 Baugruppe „BG_Speedboot"

Agenda

- Baugruppe „BG_Speedboot" erzeugen
- Platzieren der Bauteile
- „Rumpf_Speedboot" aus der Baugruppe heraus bearbeiten
- Bohrung für Antriebswelle in den Rumpf einfügen
- Bohrung spiegeln
- Schiffsschraube drehen
- Schiffsschraube von Bohrung abhängig machen
- Schiffsschraube spiegeln
- Bauteil „Reling" aus der Baugruppe heraus erstellen
- Erste 2D-Skizze zeichnen
- Zweite 2D-Skizze zeichnen
- Sweepen der ersten Strebe
- 3D-Skizze für Anordnung erstellen
- Strebe kopieren und entlang der Rumpfkante anordnen
- 2D-Skizze für Handgriff zeichnen, 3D-Skizze reaktivieren
- Handgriff sweepen
- Spiegeln der Reling
- Farben zuweisen, Datei speichern

9.1 Baugruppe „BG_Speedboot" erzeugen

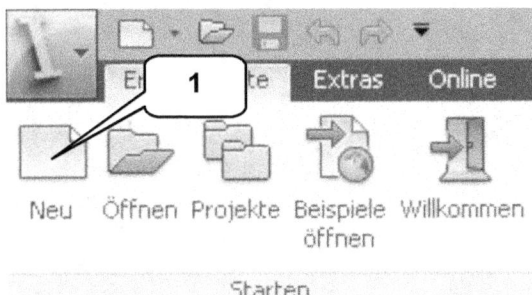

- **Neu** (1)
- Templates (2)
- Baugruppe: Norm.iam (3)
- **Erstellen** (4)

- **Speichern** (5)
- Dateiname: [BG_Speedboot] (6)
- **Speichern** (7)

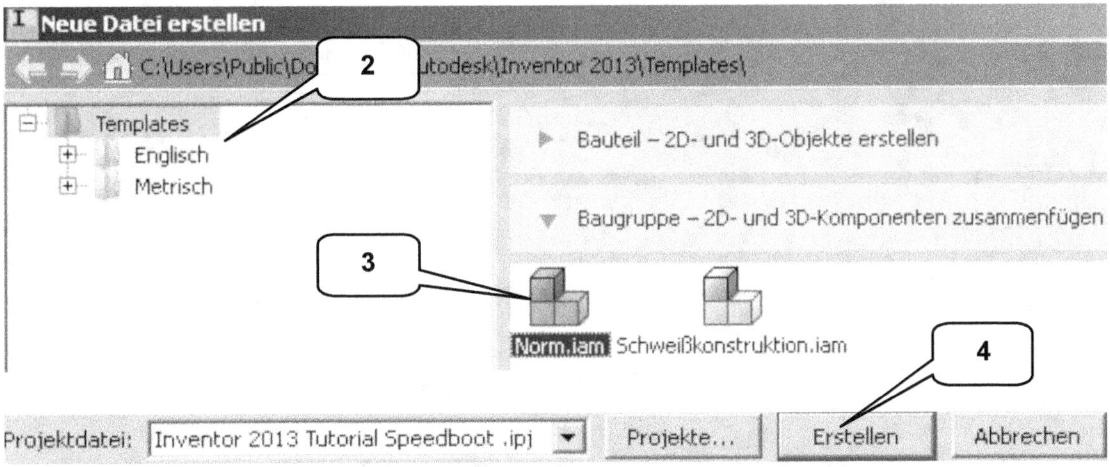

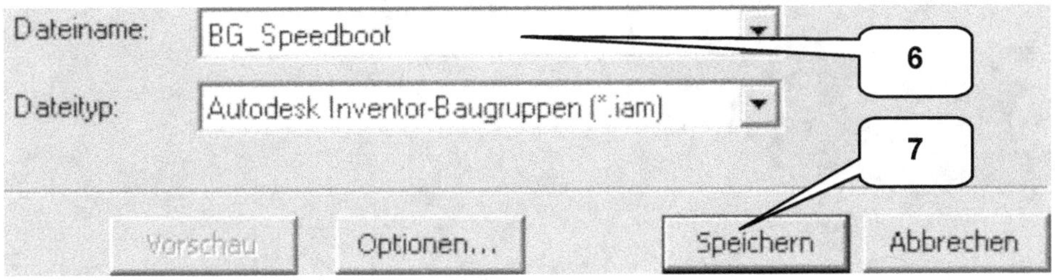

9.2 Bauteile platzieren

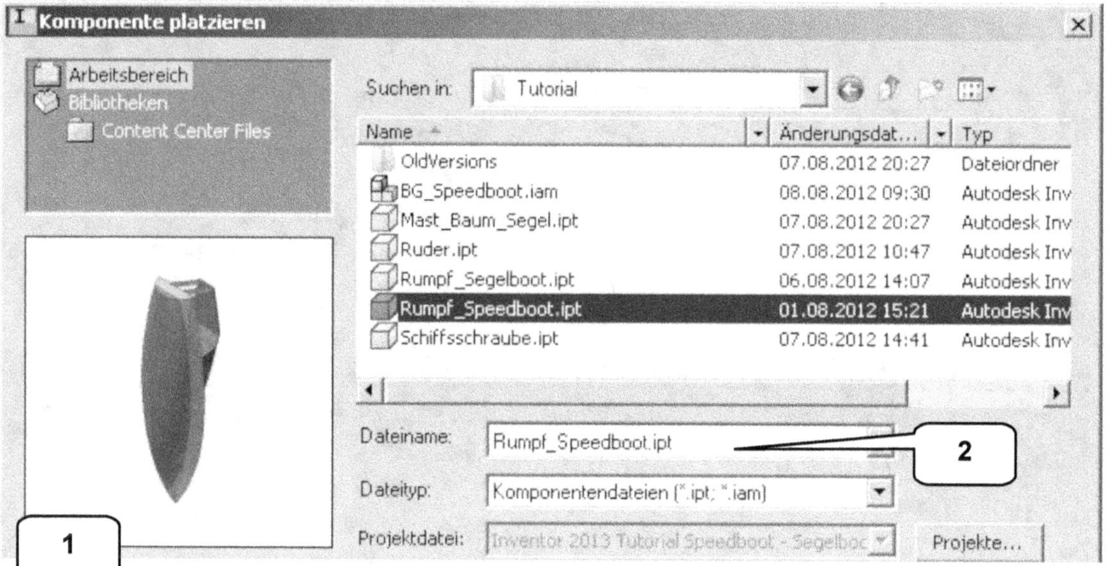

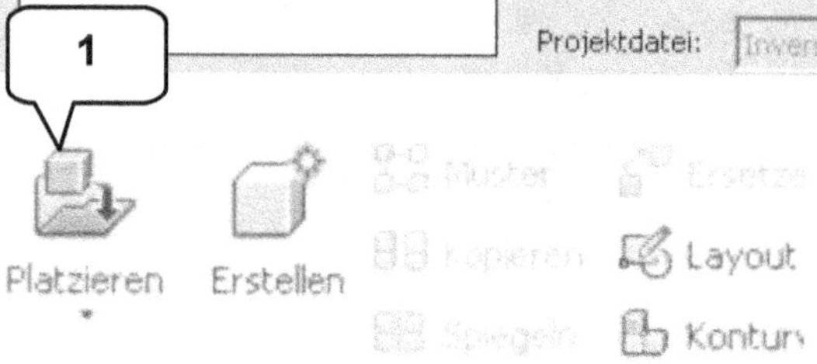

> - **Platzieren** (1)
> - Auswahl: Rumpf_Speedboot.ipt (2)
> - **Öffnen**
> - Taste: ESC

> - **Platzieren** (1)
> - Auswahl: Schiffsschraube.ipt (3)
> - **Öffnen**
> - Bauteil einmal frei im Zeichenbereich ablegen (4)
> - Taste: ESC

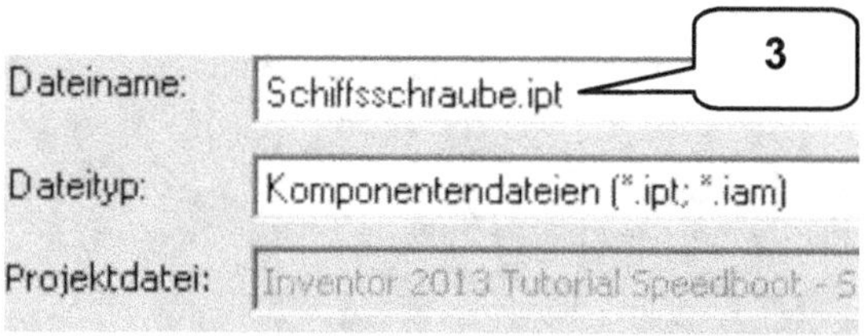

Die Position der zuerst in eine Baugruppe eingefügten Komponente wird automatisch auf den Koordinatenursprung der Baugruppe gesetzt und das Bauteil wird dort fixiert (keine Freiheitsgrade). Alle weiteren Komponenten können frei im Zeichenbereich abgelegt werden und sind frei beweglich (6 FG).

9.3 „Rumpf_Speedboot" innerhalb der Baugruppe bearbeiten

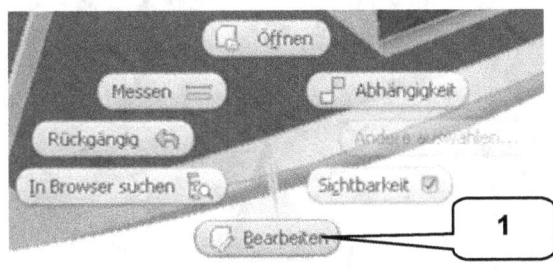

- Rechte Maustaste auf Bauteil „Rumpf_Speedboot"
- Option: Bearbeiten (1)
- (Programm wechselt in den Bearbeitungsbereich des Bauteils)

9.4 Bohrung für Antriebswelle in den Rumpf einbringen

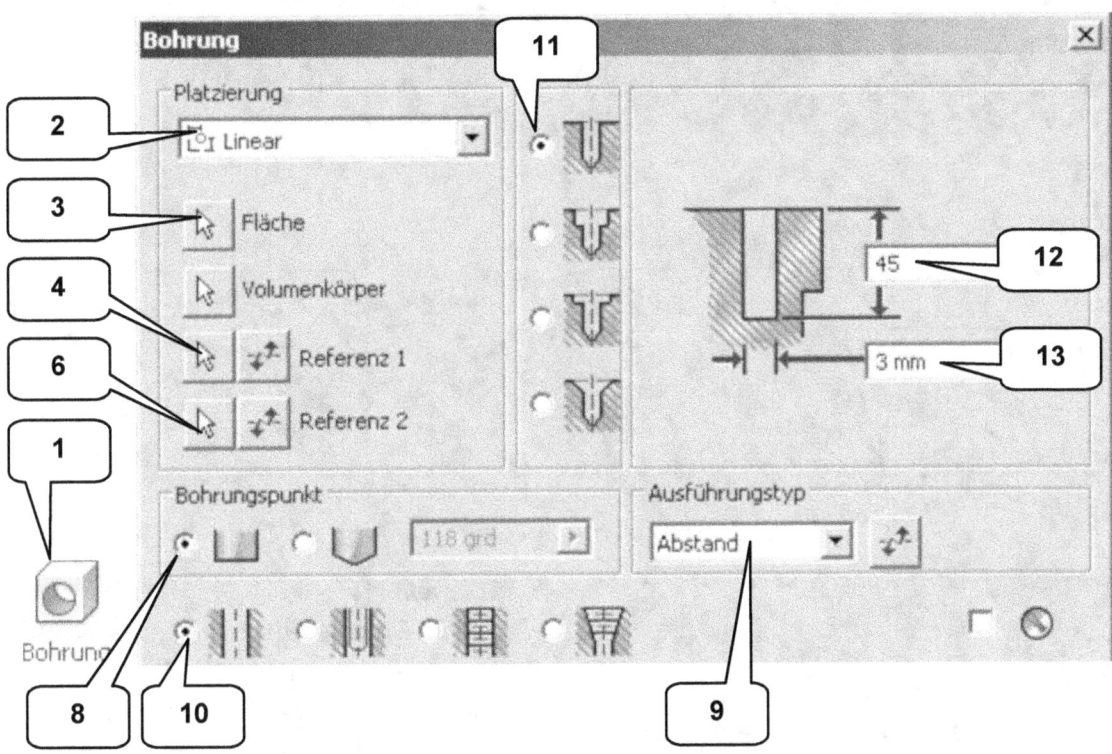

- **Bohrung** (1)
- Platzierungstyp: Linear (2)
- Fläche: Fläche (3) wählen (<u>unterer Teil des Rumpfes, Fläche am Heckbereich</u>)
- Referenz 1: Kante (4) wählen (Rumpf)
- Abstand: [45] mm (5)
- Referenz 2: Kante (6) wählen (Strebe)

- Abstand: [0] mm (7)
- Bohrungspunkt: Flach (8)
- Ausführungstyp: Abstand (9)
- Option: Einfache Bohrung (10)
- Option: Bohren (11)
- Bohrungstiefe: [45] mm (12)
- Bohrungsdurchmesser: [3] mm (13)
- **OK**

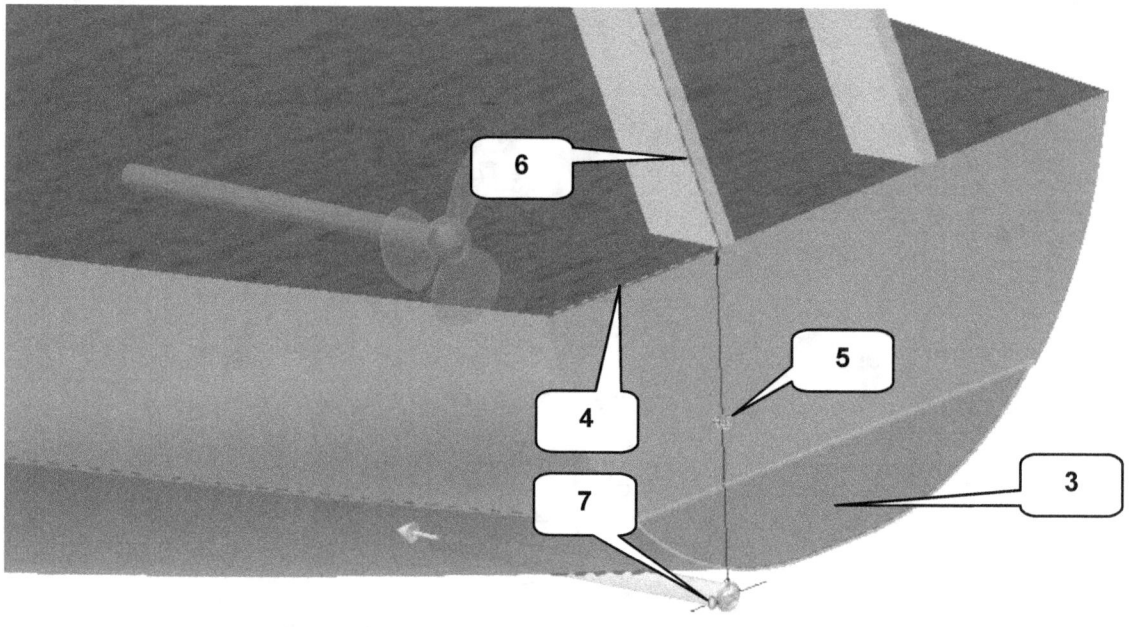

9.5 Bohrung für Antriebswelle spiegeln

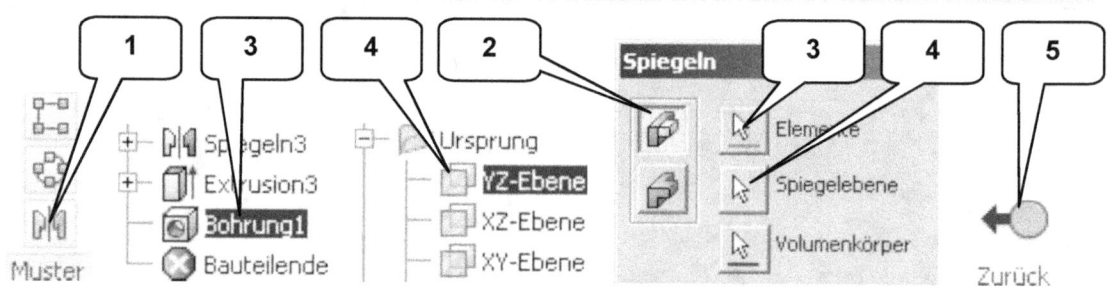

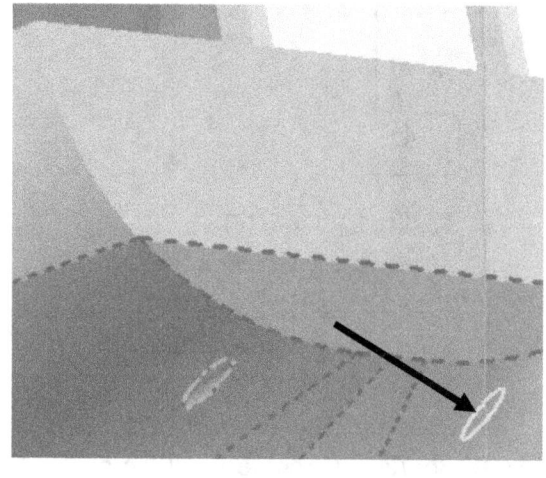

- ➢ **Spiegeln** (1)
- ➢ Option: Einzelne Elemente spiegeln (2)
- ➢ Elemente: Bohrung wählen (3)
- ➢ Spiegelebene: YZ-Ebene wählen (4) (Ordner „Ursprung" des Bauteils „Rumpf_Speedboot", <u>nicht</u> die YZ-Ebene der Baugruppe!)
- ➢ **OK**

- ➢ **Zurück** (5)

- ➢ (Programm wechselt in den Baugruppenbereich zurück)

9.6 Ausrichtung der Schiffsschraube optimieren

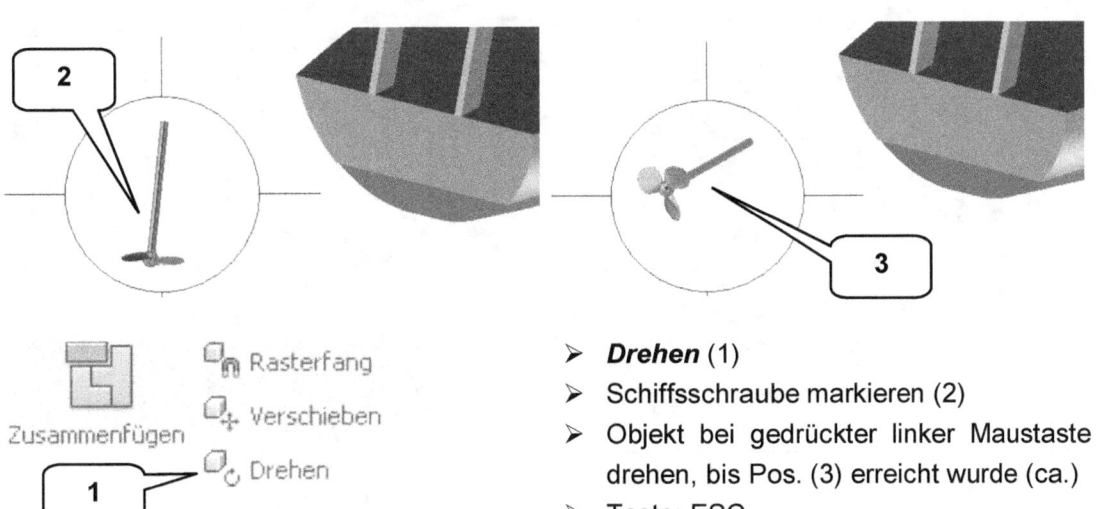

- **Drehen** (1)
- Schiffsschraube markieren (2)
- Objekt bei gedrückter linker Maustaste drehen, bis Pos. (3) erreicht wurde (ca.)
- Taste: ESC

9.7 Antriebswelle in Bohrung platzieren

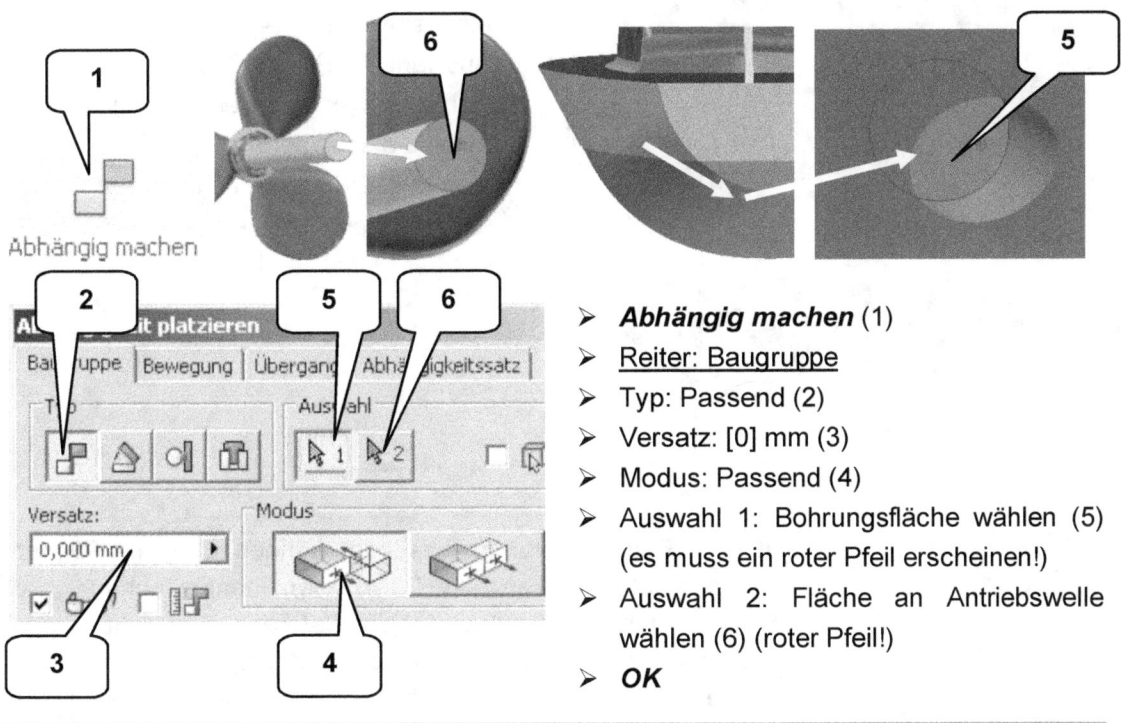

- **Abhängig machen** (1)
- Reiter: Baugruppe
- Typ: Passend (2)
- Versatz: [0] mm (3)
- Modus: Passend (4)
- Auswahl 1: Bohrungsfläche wählen (5) (es muss ein roter Pfeil erscheinen!)
- Auswahl 2: Fläche an Antriebswelle wählen (6) (roter Pfeil!)
- **OK**

Vor dem Setzen von Abhängigkeiten sollten die betreffenden Objekte stets in eine günstige Position gedreht werden.

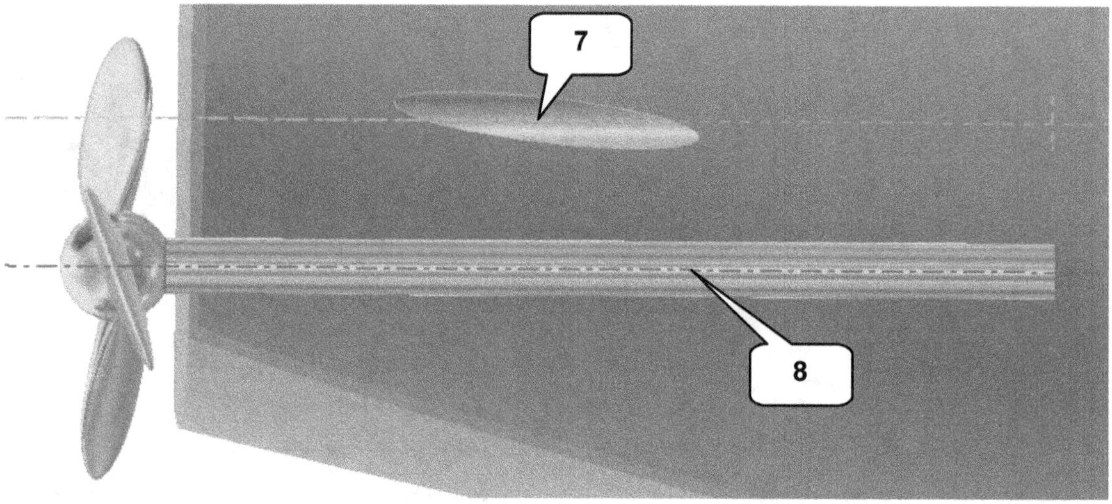

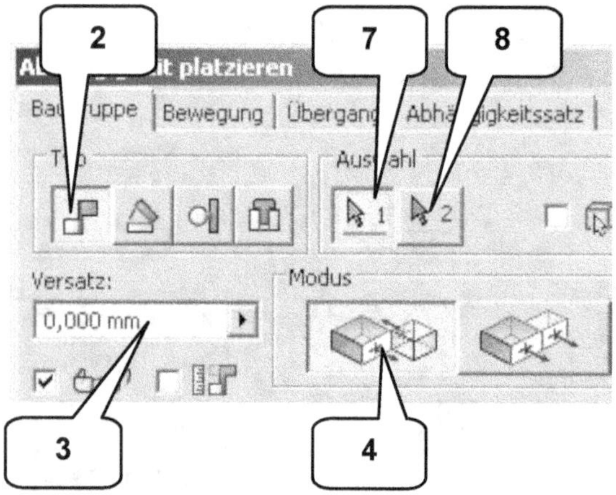

Antriebswelle in Bohrung platzieren

- **Abhängig machen** (1)
- <u>Reiter: Baugruppe</u>
- Typ: Passend (2)
- Versatz: [0] mm (3)
- Modus: Passend (4)
- Auswahl 1: Zylinderfläche der Bohrung wählen (7) (es muss eine rote gestrichelte Linie erscheinen!)
- Auswahl 2: Mantelfläche der Antriebswelle wählen (8) (rote gestrichelte Linie!)
- **OK**

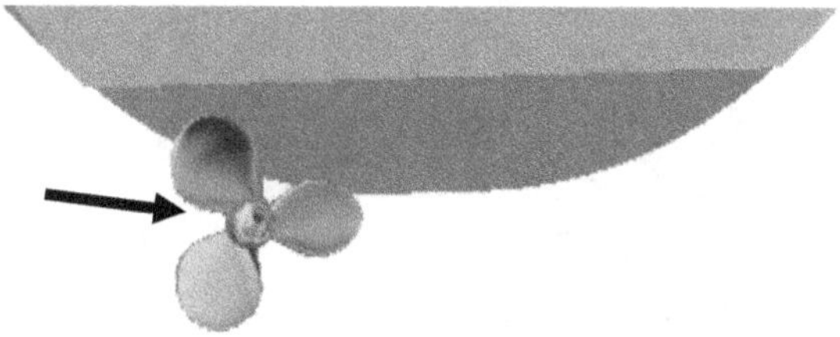

Mit dem Befehl „Abhängig machen" können Ebenen, Flächen, Kanten, Achsen, Ecken oder Punkte voneinander abhängig gemacht werden. Bei der Auswahl der Referenzen ist daher darauf zu achten, welches Symbol in der Voranzeige dargestellt wird. Ein kleiner Pfeil symbolisiert die Auswahl einer Ebene/ Fläche, eine rote gestrichelte Linie symbolisiert die Auswahl einer Kante oder Achse, und ein grüner Punkt symbolisiert die Auswahl einer Ecke/ eines Punktes.

9.8 Schiffsschraube spiegeln

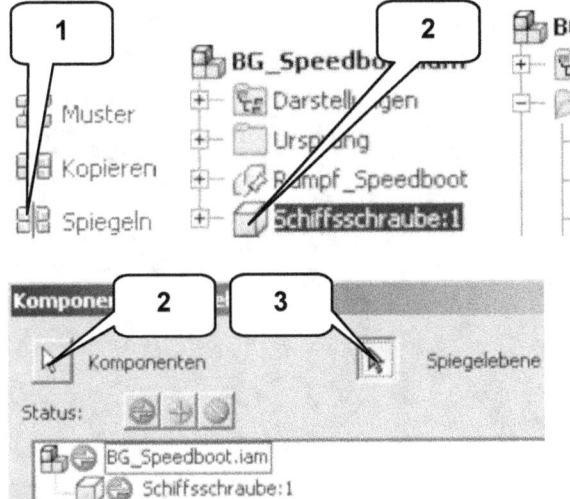

- **Spiegeln** (1)
- Fenster: Status
- Komponente: Schiffsschraube (2)
- Spiegelebene: YZ-Ebene (3) (Ordner „Ursprung" der Baugruppe)
- **Weiter**
- Fenster: Dateinamen
- Aktivieren: Suffix (4)
- Bezeichnung: [_Kopie] (5)
- Komponentenziel: In Baugruppe einfügen (6)
- **OK**

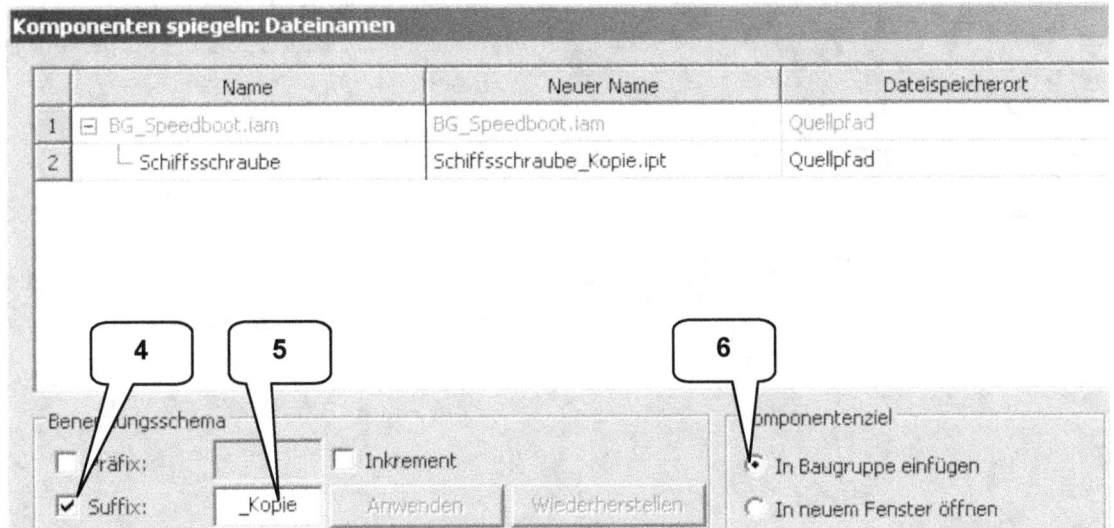

9.9 Bauteil „Reling" aus Baugruppe heraus erstellen

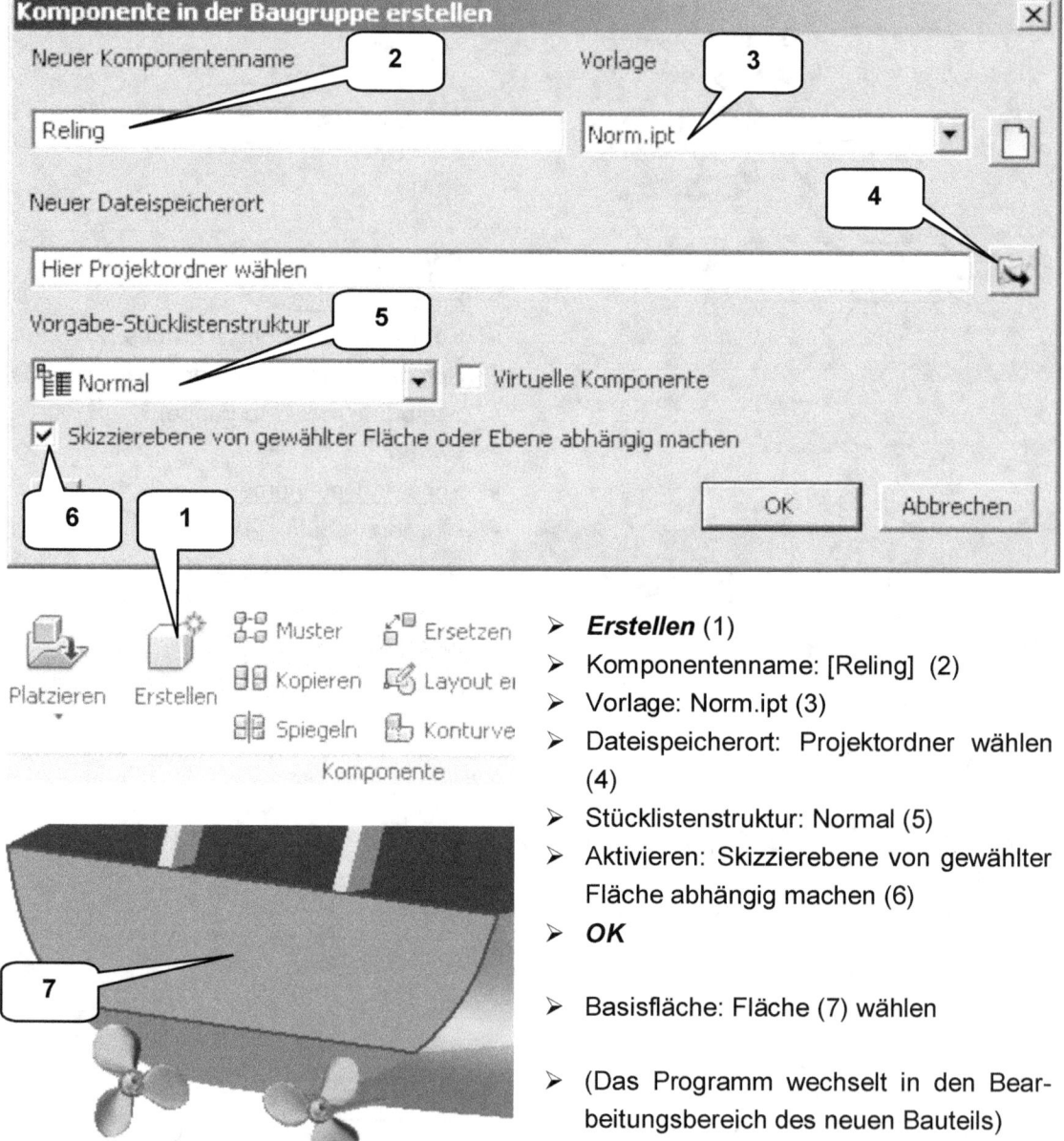

- **Erstellen** (1)
- Komponentenname: [Reling] (2)
- Vorlage: Norm.ipt (3)
- Dateispeicherort: Projektordner wählen (4)
- Stücklistenstruktur: Normal (5)
- Aktivieren: Skizzierebene von gewählter Fläche abhängig machen (6)
- **OK**

- Basisfläche: Fläche (7) wählen

- (Das Programm wechselt in den Bearbeitungsbereich des neuen Bauteils)

9.10 Erste 2D-Skizze zeichnen

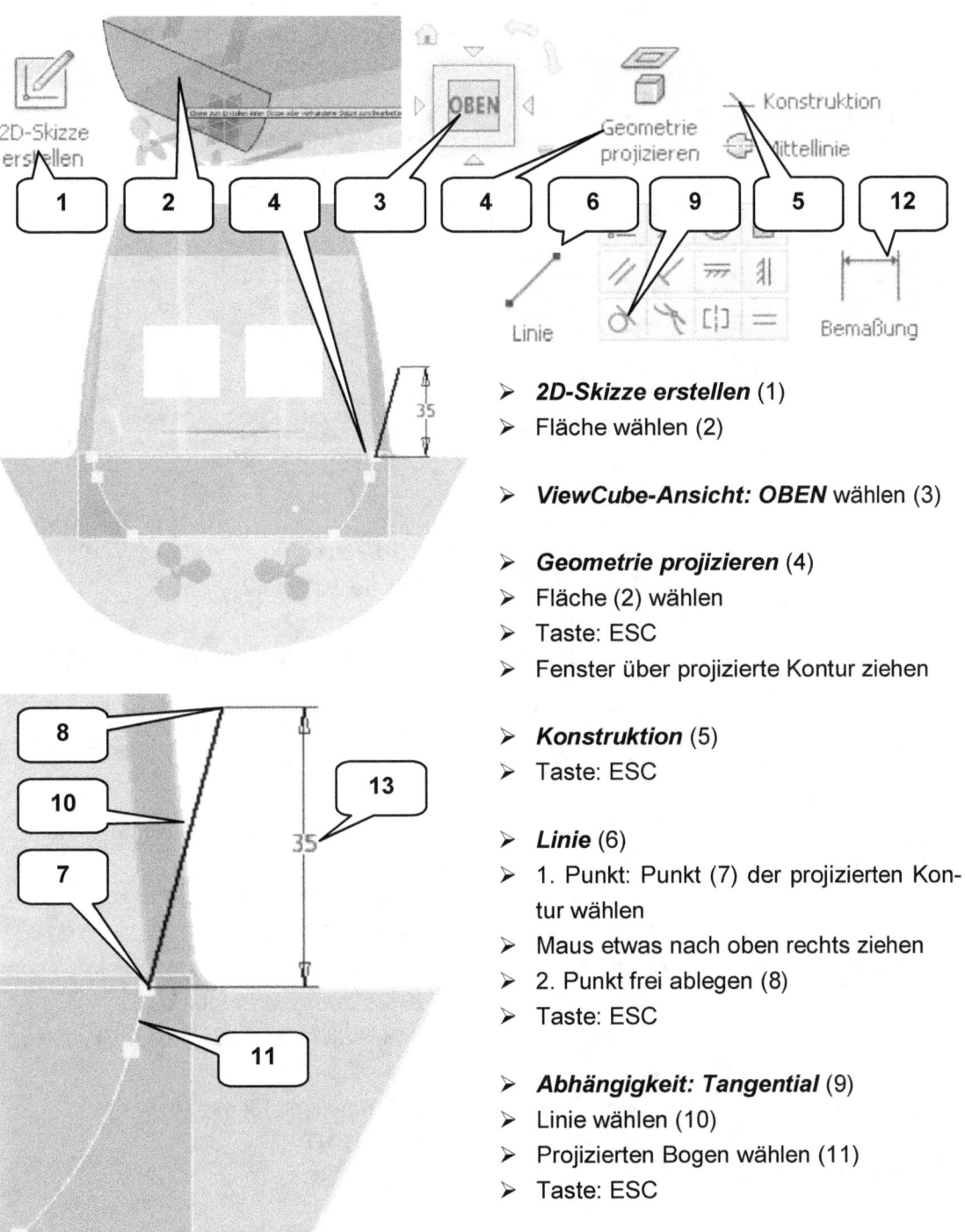

- **2D-Skizze erstellen** (1)
- Fläche wählen (2)

- **ViewCube-Ansicht: OBEN** wählen (3)

- **Geometrie projizieren** (4)
- Fläche (2) wählen
- Taste: ESC
- Fenster über projizierte Kontur ziehen

- **Konstruktion** (5)
- Taste: ESC

- **Linie** (6)
- 1. Punkt: Punkt (7) der projizierten Kontur wählen
- Maus etwas nach oben rechts ziehen
- 2. Punkt frei ablegen (8)
- Taste: ESC

- **Abhängigkeit: Tangential** (9)
- Linie wählen (10)
- Projizierten Bogen wählen (11)
- Taste: ESC

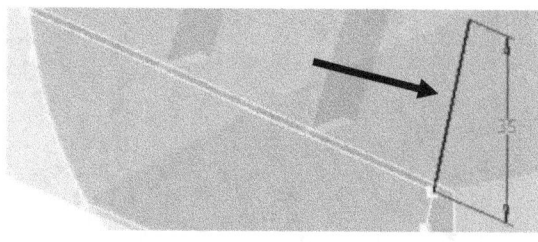

- **Bemaßung** (12)
- Linie wählen (10)
- Maß rechts daneben ablegen (13)
- Wert: [35] mm (vertikal)

- **Skizze fertig stellen**

9.11 Zweite 2D-Skizze zeichnen

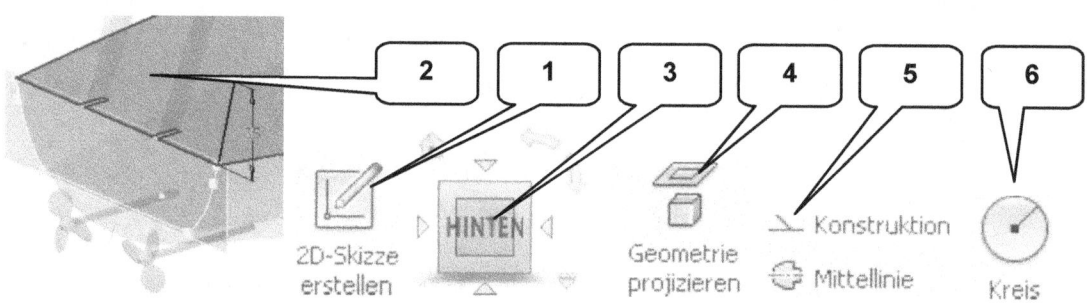

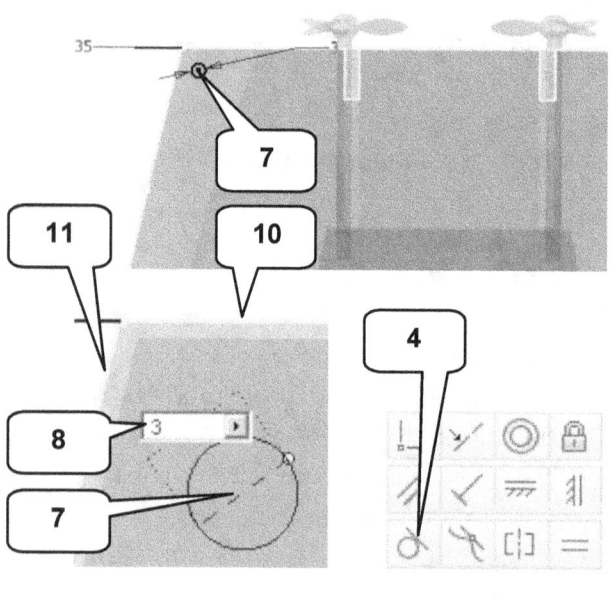

- **2D-Skizze erstellen** (1)
- Fläche wählen (2)

- **ViewCube-Ansicht: OBEN** wählen (3)

- **Geometrie projizieren** (4)
- Fläche (2) wählen
- Taste: ESC
- Fenster über projizierte Kontur ziehen

- **Konstruktion** (5)
- Taste: ESC

- **Kreis durch Mittelpunkt** (6)
- Kreismittelpunkt auf Pos. (7) ablegen (ca.)
- Durchmesser: [3] mm (8)
- Taste: ENTER
- Taste: ESC

Strebe sweepen

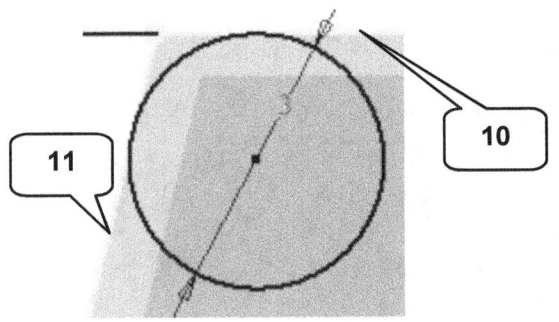

> *Abhängigkeit: Tangential* (9)
> Projizierte Linie wählen (10)
> Kreis wählen
> Projizierte Linie wählen (11)
> Kreis wählen
> Taste: ESC

> *Skizze fertig stellen*

9.12 Strebe sweepen

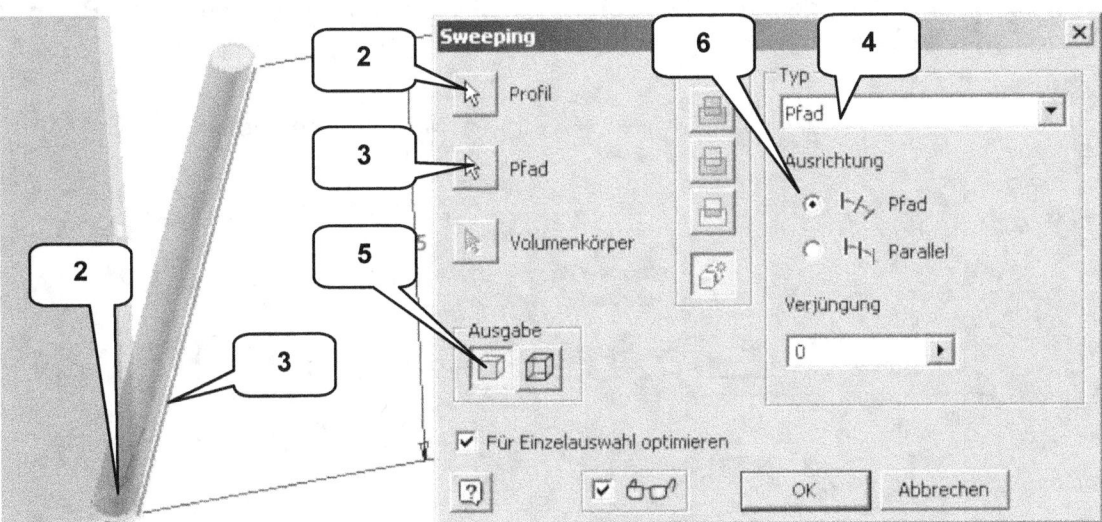

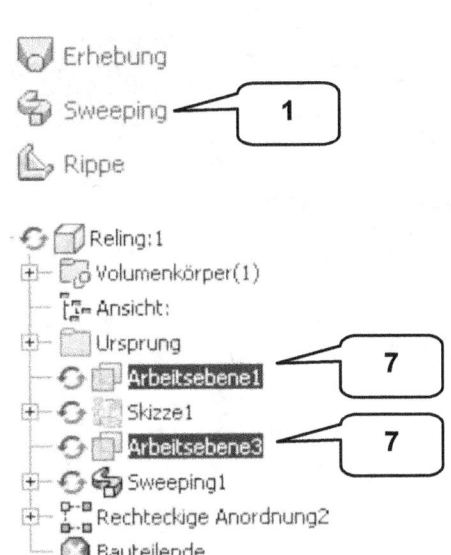

> *Sweeping* (1)
> Profil: Kreis wählen (2)
> Pfad: Linie wählen (3)
> Typ: Pfad (4)
> Ausgabe: Volumenkörper (5)
> Ausrichtung: Pfad (6)
> *OK*

> „Pfad schneidet Profil nicht" mit „JA" bestätigen

> Arbeitsebenen ausblenden (7) (rechte Maustaste > Sichtbarkeit)

9.13 3D-Skizze für Anordnung erstellen

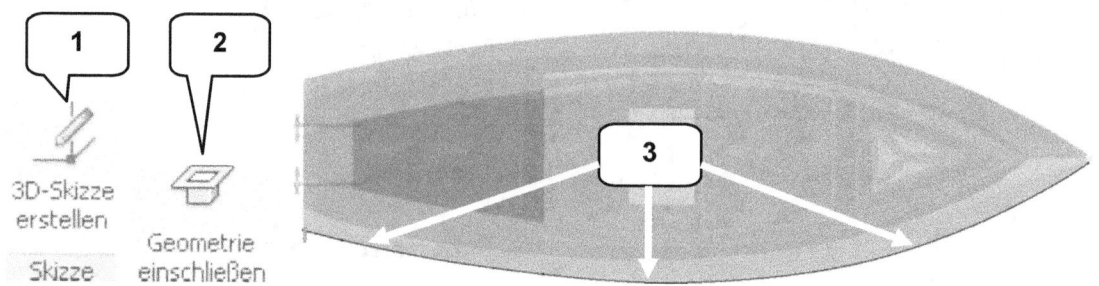

- ➢ **3D-Skizze erstellen** (1) (Befehl befindet sich hinter dem Befehl „2D-Skizze erstellen")

- ➢ **Geometrie einschließen** (2)
- ➢ Drei Kantensegmente des Rumpfes nacheinander wählen (3)

- ➢ **Skizze fertig stellen**

9.14 Strebe entlang der Rumpfkante vervielfältigen

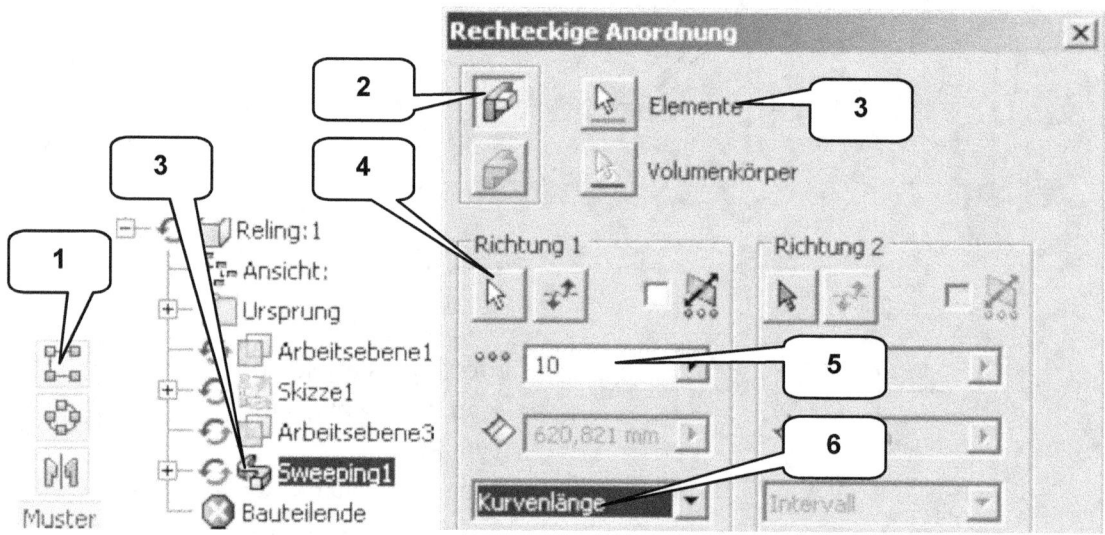

- ➢ **Rechteckige Anordnung** (1)
- ➢ Option: Einzelne Elemente (2)
- ➢ Elemente: „Sweeping1" wählen (3)
- ➢ Pfad: projizierte Kante aus 3D-Skizze wählen (4)

- ➢ Anzahl: [10] o. E. (5)
- ➢ Option: Kurvenlänge (6)
- ➢ **OK**

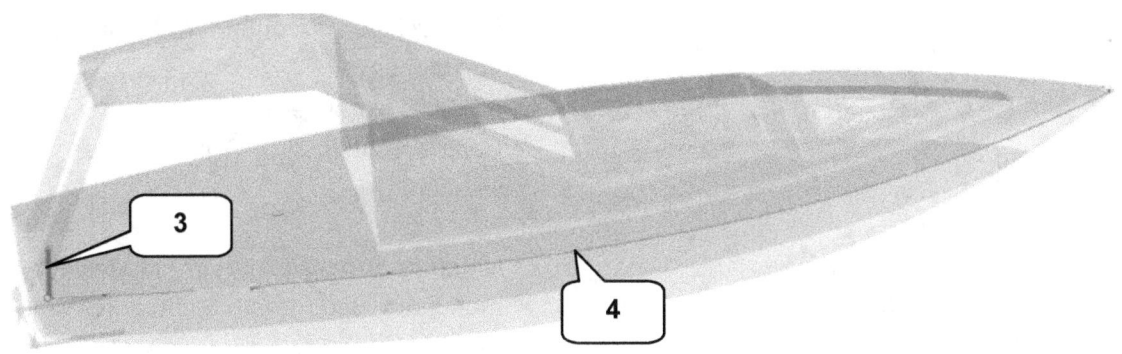

9.15 2D-Skizze für Handgriff zeichnen, 3D-Skizze reaktivieren

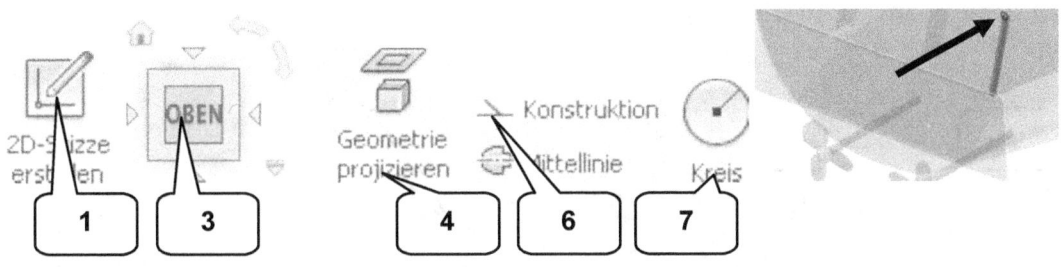

> **2D-Skizze erstellen** (1)
> Fläche wählen (2)

> **ViewCube-Ansicht: OBEN** wählen (3)

> **Geometrie projizieren** (4)
> Erste Strebe wählen (5)
> Taste: ESC
> Fenster über projizierte Kontur ziehen

> **Konstruktion** (6)
> Taste: ESC

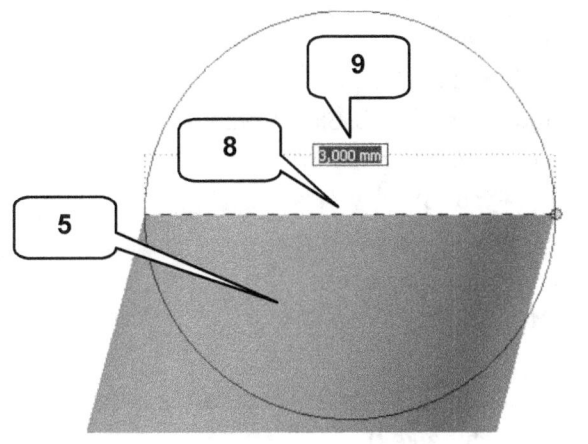

> **Kreis durch Mittelpunkt** (7)
> Mittelpunkt: Auf Mittelpunkt der oberen projizierten Linie der 1. Strebe setzen (8)
> Durchmesser: [3] mm (9)
> Taste: ESC

> **Skizze fertig stellen**

Handgriff sweepen

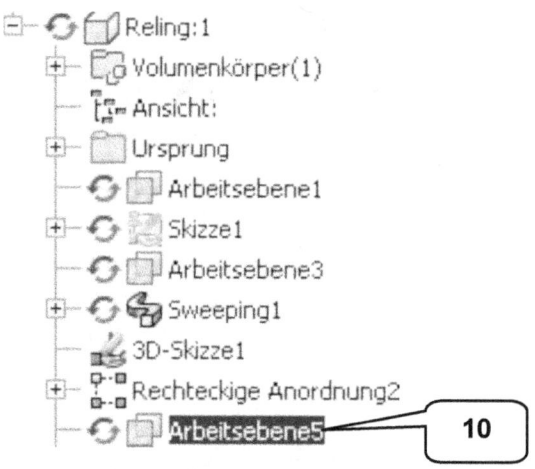

- Rechteckige Anordnung im Modellbaum aufklappen
- 3D-Skizze markieren
- Rechte Maustaste > Skizze wieder verwenden

- Unterste Arbeitsebene im Modellbaum markieren und deren Sichtbarkeit entfernen (10)

9.16 Handgriff sweepen

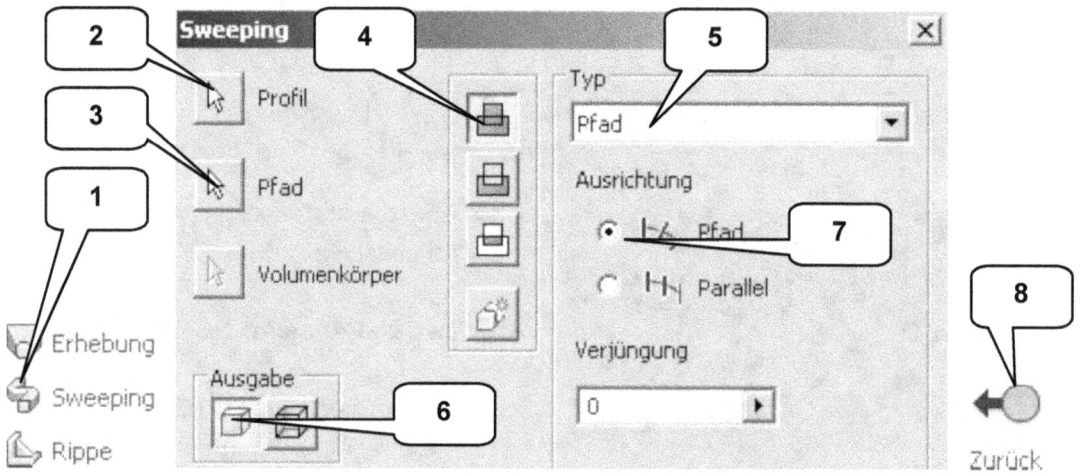

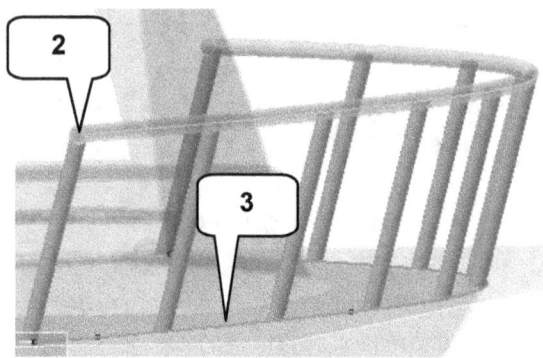

- **Sweeping** (1)
- Profil: Kreis wählen (2)
- Pfad: Linie der 3D-Skizze wählen (3)
- Option: Vereinigung (4)
- Typ: Pfad (5)
- Ausgabe: Volumenkörper (6)
- Ausrichtung: Pfad (7)
- **OK**

- 3D-Skizze ausblenden (rechte Maustaste > Sichtbarkeit)
- **Zurück** (8)

9.17 Reling spiegeln

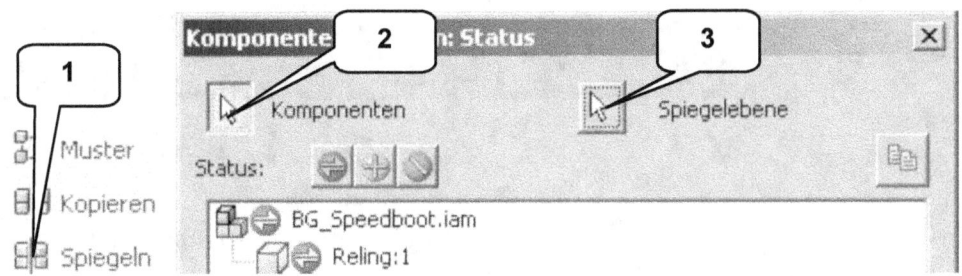

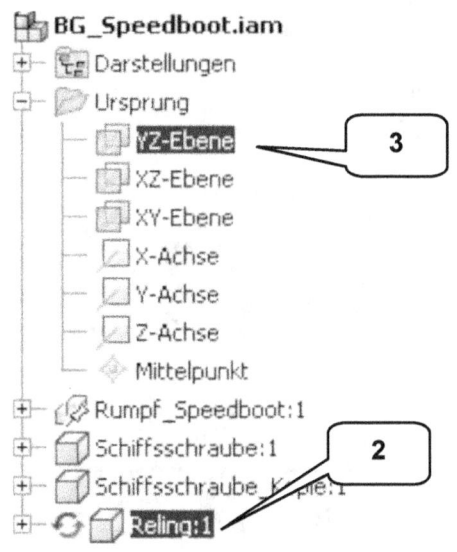

- **Spiegeln** (1)
- Fenster: Status
- Komponente: Reling (2)
- Spiegelebene: YZ-Ebene (3) (Ordner „Ursprung" der Baugruppe)
- **Weiter**
- Fenster: Dateinamen
- Aktivieren: Suffix (4)
- Bezeichnung: [_Kopie] (5)
- Komponentenziel: In Baugruppe einfügen (6)
- **OK**

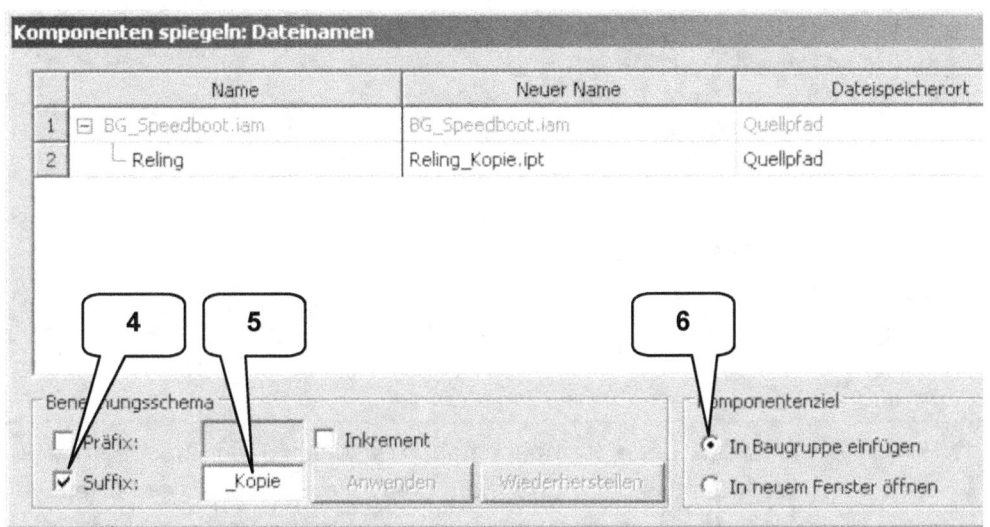

9.18 Farben zuweisen, Datei speichern

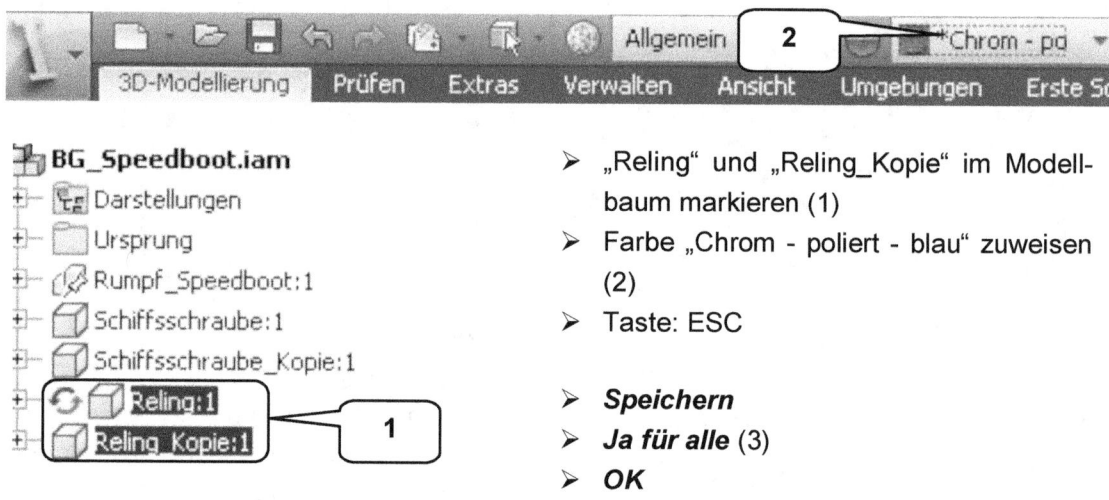

- „Reling" und „Reling_Kopie" im Modellbaum markieren (1)
- Farbe „Chrom - poliert - blau" zuweisen (2)
- Taste: ESC

- **Speichern**
- **Ja für alle** (3)
- **OK**

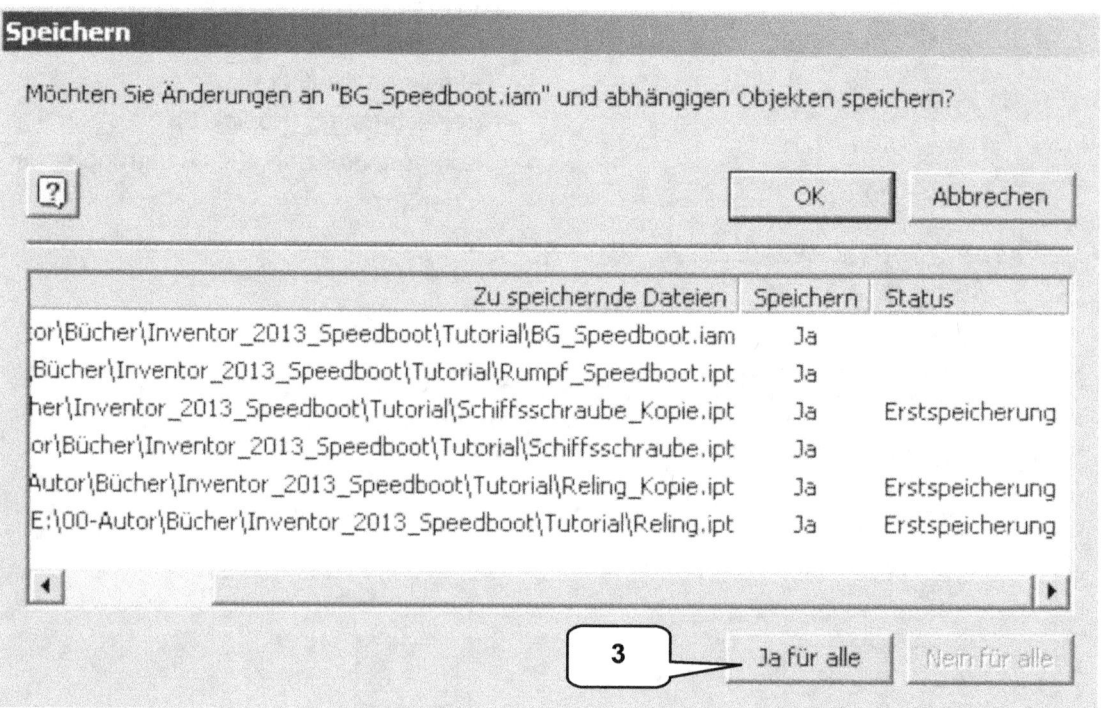

Wurden neue Komponenten aus einer Baugruppe heraus erzeugt, muss beim Speichern die Option „Ja für alle" aktiviert werden, da die neuen Komponenten ansonsten verloren gehen.

10 Baugruppe „BG_Segelboot"

Agenda

- Kopie der Baugruppe als „BG_Segelboot" speichern
- Schiffsschrauben aus der Baugruppe entfernen
- Bearbeiten der Reling-Höhe aus der Baugruppe heraus
- „Rumpf_Speedboot" durch „Rumpf_Segelboot" ersetzen
- „Mast_Baum_Segel" und „Ruder" platzieren
- Mast an den Aufbauten befestigen
- Ruder am Heck befestigen
- Speichern der Baugruppe

10.1 Kopie der Baugruppe als „BG_Segelboot" speichern

- **Hauptmenü** (1)
- **Speichern unter** (2)
- Dateiname: [BG_Segelboot] (3)
- Dateityp: *.iam
- **Speichern**

10.2 Schiffsschrauben aus Baugruppe entfernen

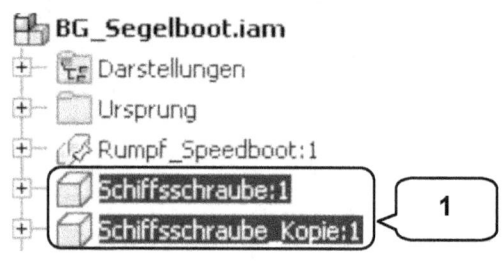

- „Schiffsschraube" und „Schiffsschraube_Kopie" im Modellbaum markieren (1)
- Taste: ENTF (Löschen)
- (Beide Schiffsschrauben sollten jetzt gelöscht worden sein)

10.3 Reling-Höhe bearbeiten

- Bauteil „Reling" im Modellbaum doppelklicken (1)
- „Sweeping1" erweitern und „Skizze1" doppelklicken (2)
- Maß „35" mm doppelklicken und durch den Wert [20] mm ersetzen (3)

- **Skizze fertig stellen**

„Rumpf_Speedboot" durch „Rumpf_Segelboot" ersetzen

- ➤ **Zurück** (4)
- ➤ (Die Höhe der Reling sollte sich automatisch auf den neuen Wert aktualisieren, die Höhe der Kopie sollte sich ebenfalls anpassen)

10.4 „Rumpf_Speedboot" durch „Rumpf_Segelboot" ersetzen

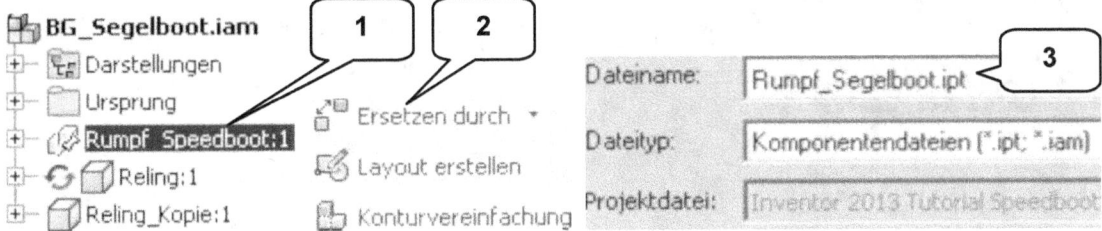

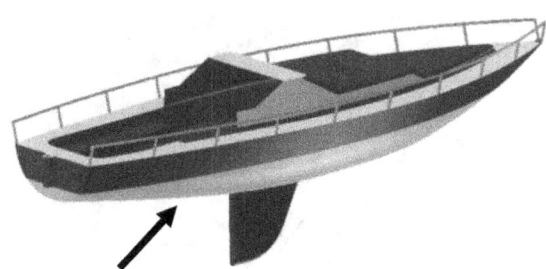

- ➤ „Rumpf_Speedboot" im Modellbaum markieren (1)

- ➤ **Ersetzen durch** (2)
- ➤ Dateiname: Rumpf_Segelboot (3) wählen
- ➤ **Öffnen**

Werden Komponenten einer Baugruppe mittels Befehl „Ersetzen durch" durch eine andere Komponente ersetzt, werden alle Abhängigkeiten übernommen, sofern die geometrischen Bedingungen dies zulassen. Der Befehl „Alle ersetzen" ersetzt alle identischen Komponenten.

10.5 Bauteil „Mast_Baum_Segel" und „Ruder" platzieren

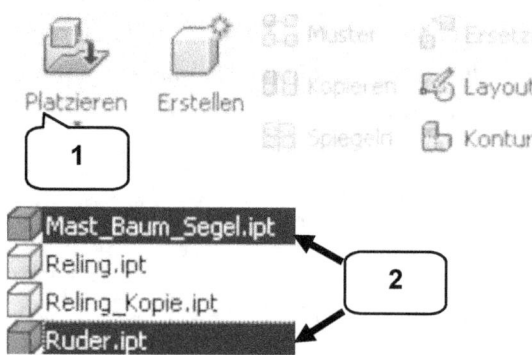

- **Platzieren** (1)
- Auswahl: „Mast_Baum_Segel" und „Ruder" bei gedrückter Taste „STRG" markieren (2)
- **Öffnen**

- Beide Bauteile einmal frei im Zeichenbereich ablegen
- Taste: ESC

10.6 Mast platzieren

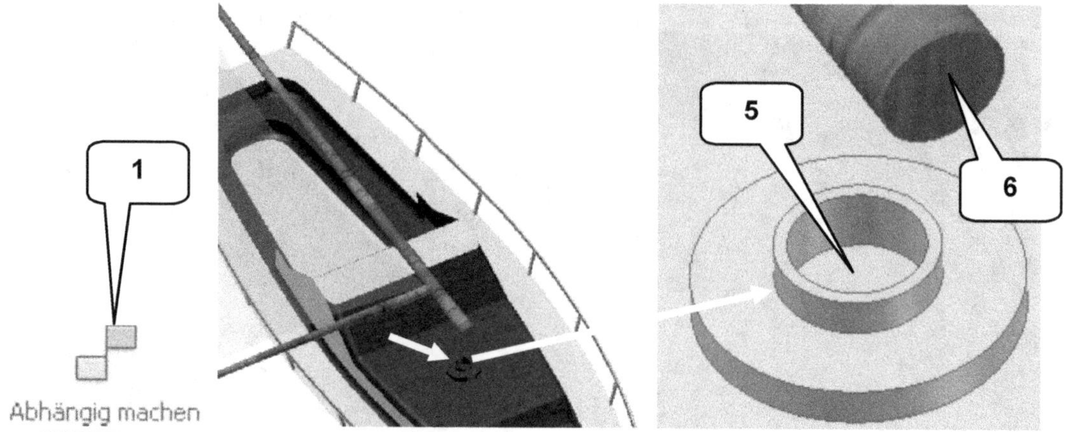

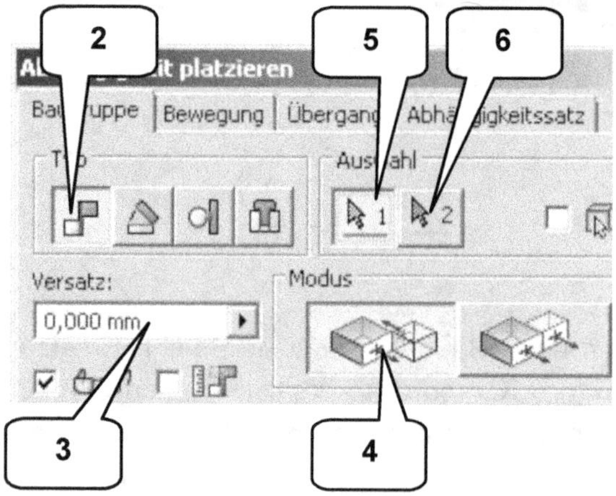

- **Abhängig machen** (1)
- Typ: Passend (2)
- Versatz: [0] mm (3)
- Modus: Passend (4)
- Auswahl 1: Fläche an den Aufbauten wählen (5) (es muss ein roter Pfeil erscheinen!)
- Auswahl 2: Untere Fläche am Mast wählen (6) (roter Pfeil!)
- **OK**

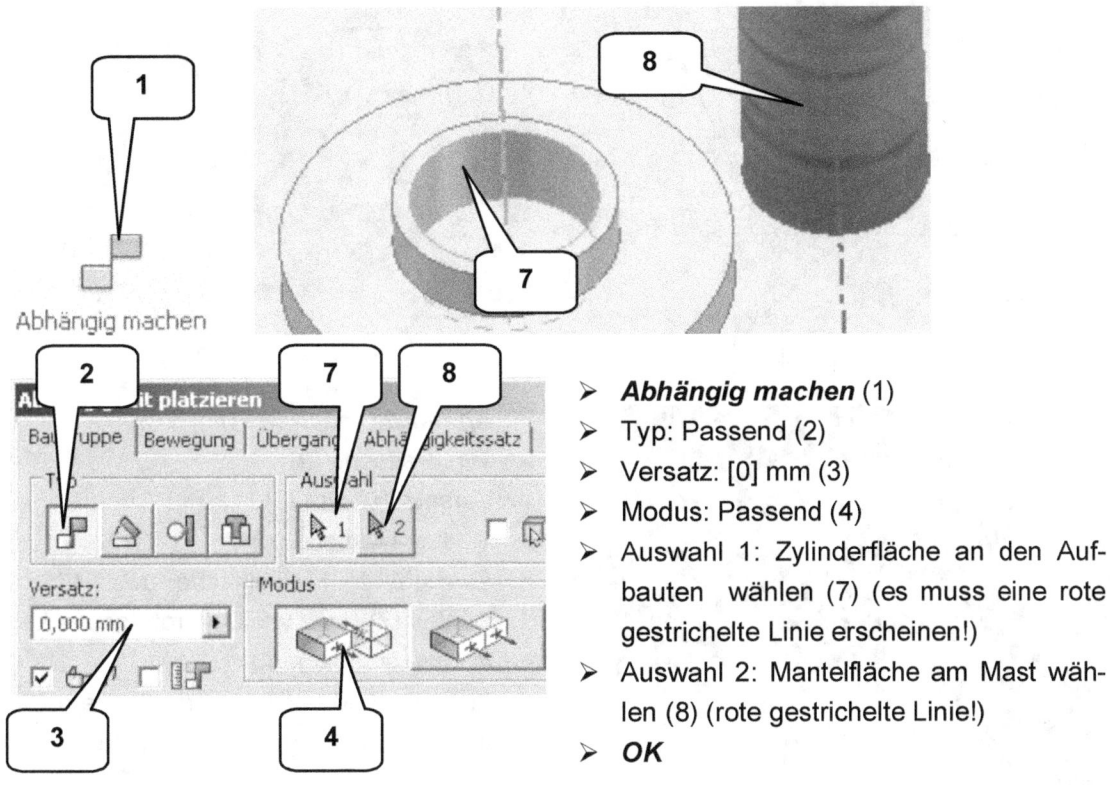

- **Abhängig machen** (1)
- Typ: Passend (2)
- Versatz: [0] mm (3)
- Modus: Passend (4)
- Auswahl 1: Zylinderfläche an den Aufbauten wählen (7) (es muss eine rote gestrichelte Linie erscheinen!)
- Auswahl 2: Mantelfläche am Mast wählen (8) (rote gestrichelte Linie!)
- OK

10.7 Ruder am Heck befestigen

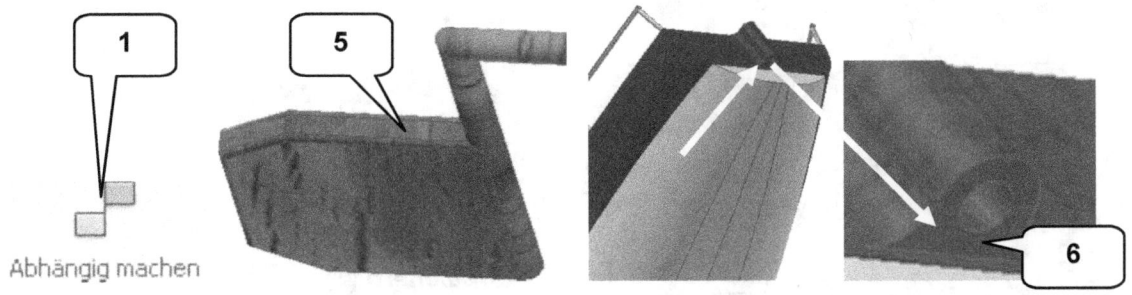

- **Abhängig machen** (1)
- Typ: Passend (2)
- Versatz: [0] mm (3)
- Modus: Passend (4)

- Auswahl 1: Fläche am Ruder wählen (5) (ein kleiner roter Pfeil muss erscheinen!)
- Auswahl 2: Untere Fläche der Ruderhalterung wählen (6) (roter Pfeil!)
- OK

Baugruppe sichern

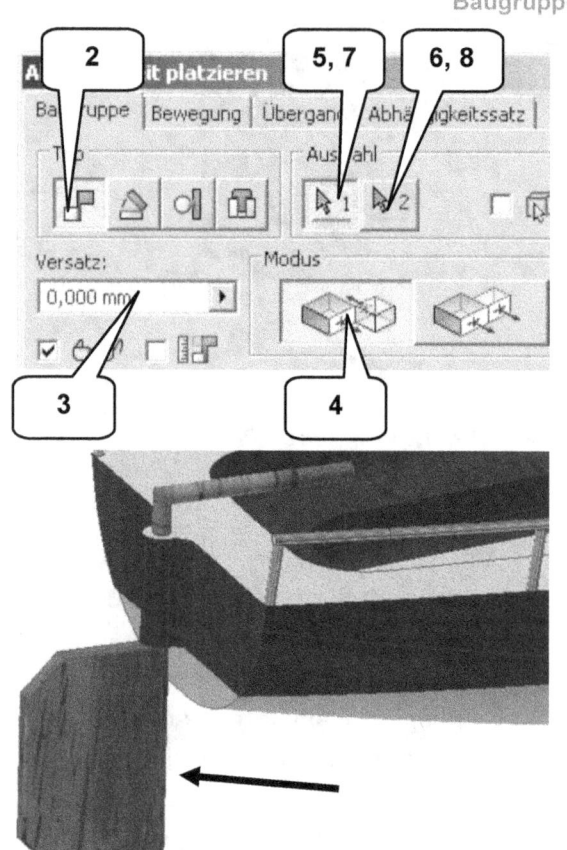

- ➤ **Abhängig machen** (1)
- ➤ Typ: Passend (2)
- ➤ Versatz: [0] mm (3)
- ➤ Modus: Passend (4)
- ➤ Auswahl 1: Mantelfläche des Ruders wählen (7) (es muss eine rote gestrichelte Linie erscheinen!)
- ➤ Auswahl 2: Mantelfläche der Ruderhalterung wählen (8) (rote gestrichelte Linie!)
- ➤ **OK**

10.8 Baugruppe sichern

Zu speichernde Dateien	Speichern	Status
)-Autor\Bücher\Inventor_2013_Speedboot\Tutorial\BG_Segelboot.iam	Ja	
00-Autor\Bücher\Inventor_2013_Speedboot\Tutorial\Reling_Kopie.ipt	Ja	
E:\00-Autor\Bücher\Inventor_2013_Speedboot\Tutorial\Reling.ipt	Ja	

- ➤ **Speichern** (1)
- ➤ **Ja für alle** (2)
- ➤ **OK**

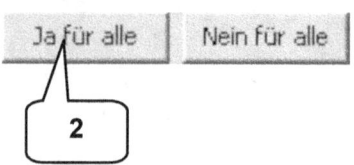

11 Rendern

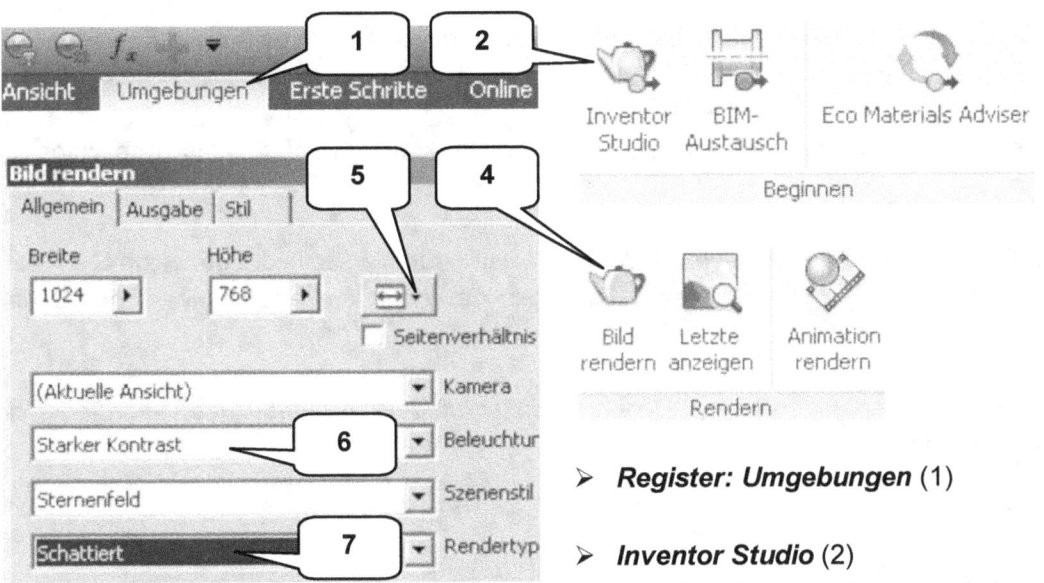

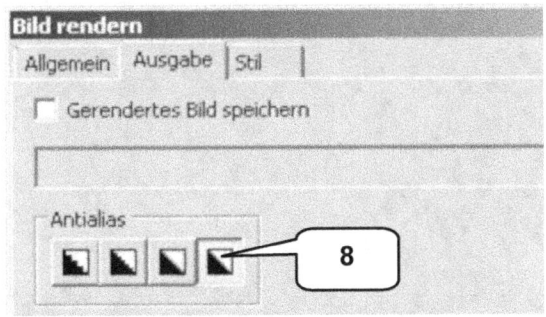

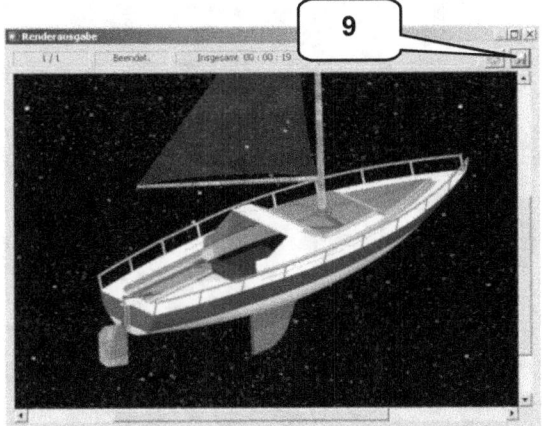

- **Register: Umgebungen** (1)

- **Inventor Studio** (2)
- Ansicht des Segelbootes drehen und zoomen, bis eine optimale Größe und Position erreicht ist

- **Bild rendern** (4)
- Reiter: Allgemein
- Breite x Höhe: [1024] x [768] Pixel (5)
- Beleuchtungsstile: Starker Kontrast (6)
- Rendertyp: Schattiert (7)
- Reiter: Ausgabe
- Antialiasing: Höchste (8)
- **Rendern**

- **Bild Speichern** (9)
- Name: [Bild_1_BG_Segelboot]
- **OK**

- Beide Baugruppen in verschiedenen Ansichten rendern

12 Schlusswort

Der Autor des Buches hofft, dass Sie bei der Arbeit mit dem Programm und dem Übungsprojekt viel Spaß hatten.

Der Inhalt des Buches wurde sorgfältig geprüft. Leider können Fehler nicht ausgeschlossen werden.

Wenn Ihnen während der Arbeit mit dem Buch Fehler auffallen sollten, oder wenn Sie Ideen zur Verbesserung des Inhaltes haben, ist Ihnen der Autor für jeden Hinweis per E-Mail dankbar.

Konstruktive Anmerkungen können jederzeit an *schlieder@ingenieurbuero-schlieder.de* gesendet werden.

Vielen Dank.

13 Index

*

1. Skizze ausblenden, Hauptachsen projizieren	16
2D-Skizze auf 1. Arbeitsebene erzeugen	19
2D-Skizze auf 2. Arbeitsebene erzeugen	18
2D-Skizze auf 3. Arbeitsebene erzeugen	15
2D-Skizze auf 4. Arbeitsebene erzeugen	13
2D-Skizze auf XY-Ebene erzeugen	20
2D-Skizze des Baums zeichnen	80
2D-Skizze des Masts zeichnen	79
2D-Skizze des Segels zeichnen	82
2D-Skizze für Basiskörper zeichnen	26
2D-Skizze für Dachverstrebung zeichnen	37
2D-Skizze für die Masthalterung zeichnen	57
2D-Skizze für Differenzkörper zeichnen	28
2D-Skizze für einen Materialschnitt erzeugen	45
2D-Skizze für Fensteraussparungen erzeugen	40
2D-Skizze für Handgriff zeichnen, 3D-Skizze reaktivieren	98
2D-Skizze für Lüftungsöffnungen zeichnen	32
2D-Skizze für Ruderhalterung zeichnen	52
2D-Skizze für Schwert zeichnen	55
2D-Skizze für Sitzecke zeichnen	47
2D-Skizze reaktivieren, Sitzbereich extrudieren	49
2D-Skizzen einblenden, Ebenen ausblenden	21
3D-Skizze für Anordnung erstellen	97

A

Achsen projizieren und als Konstruktionsobjekte definieren	13
Antriebswelle durch Zylinder erzeugen	76
Aufbauten abrunden	29
Aufbauten mit Wandstärke versehen	31
Aufbauten mit Wandstärke versehen	50

B

Basiskörper extrudieren	27
Basisskizze des Ruders zeichnen	62
Baugruppe „BG_Segelboot"	102
Baugruppe „BG_Segelboot" rendern	108
Baugruppe „BG_Speedboot" erzeugen	86
Baugruppe „Speedboot"	85
Baum extrudieren	81
Bauteil „Mast_Baum_Segel" erstellen	78
Bauteil „Reling" aus der Baugruppe heraus erstellen	93
Bauteil „Schiffsschraube" erstellen	68
Bauteildatei „Ruder" erstellen	61
Bauteildatei „Rumpf_Speedboot" erstellen	10
Bearbeiten der Reling-Höhe aus der Baugruppe heraus	103
Befehlsübersicht	110
Bodenbereich der Sitzecke extrudieren	48
Bohrung für Antriebswelle in den Rumpf einfügen	88
Bohrung spiegeln	89
Bugspitze mit einer Kugel versehen	36
Bugspitze mit einer Kugel versehen	44

D

Dachverstrebung als Rippe erzeugen	38
Datei „Rumpf_Segelboot" öffnen	44
Den ersten Flügel der Schiffsschraube erheben	73
Den Rumpf für beide Boote erzeugen	9
Der Umgang mit dem Buch	6
Die Aufbauten für das Segelboot	43
Die Aufbauten für das Speedboot	25
Die Schiffsschraube	67
Differenzkörper extrudieren	29
Drehen der Masthalterung	59
Dritte 2D-Skizze zeichnen	72

E

Ebene für neue 2D-Skizze erzeugen	32
Ebene für neue 2D-Skizze erzeugen	37

E

Ebenen mit Versatz erzeugen	11
Ebenen mit Versatz erzeugen	69
Ein neues Einzelbenutzer-Projekt erstellen	7
Erheben des Volumenkörpers	21
Erste 2D-Skizze zeichnen	70
Erste 2D-Skizze zeichnen	94
Extrudieren des Schwertes	56

F

Farben zuweisen	41
Farben zuweisen, Datei speichern	101
Farben zuweisen, Datei speichern und schließen	59
Farben zuweisen, Datei speichern und schließen	66
Farben zuweisen, Datei speichern und schließen	76
Farben zuweisen, Datei speichern und schließen	84
Fasen des Ruderblattes	64
Fensteraussparungen extrudieren	41
Flügel kopieren und polar anordnen	74

H

Handgriff sweepen	99

I

Inhalt	6

K

Kopie der Baugruppe als „BG_Segelboot" speichern	103
Kopie der Datei als „Rumpf_Segelboot" speichern	31

L

Linienkonturen zeichnen, bemaßen und abhängig machen	16
Lüftungsöffnung einfügen	35

M

Mast an den Aufbauten befestigen	105
Mast extrudieren	80
Mast, Baum und Segel	77
„Mast_Baum_Segel" und „Ruder" platzieren	105

O

Oberen Bereich der Aufbauten schneiden	46

P

Pinne abrunden	65
Pinne als Quader erzeugen	63
Pinne mit Gewinde versehen	65
Platzieren der Bauteile	87
Projektordner erzeugen	6

R

Ruder am Heck befestigen	106
Ruder extrudieren	63
Ruder und Pinne	60
Ruderblatt abrunden	66
Ruderhalterung abrunden	54
Ruderhalterung extrudieren	54
„Rumpf_Speedboot" aus der Baugruppe heraus bearbeiten	88
„Rumpf_Speedboot" durch „Rumpf_Segelboot" ersetzen	104

S

Schiffsschraube drehen	90
Schiffsschraube spiegeln	92
Schiffsschraube von Bohrung abhängig machen	90
Schiffsschrauben aus der Baugruppe entfernen	103
Schlusswort	109
Schwert abrunden	56
Segel als Umgrenzungsfläche erzeugen	84
Sichtbarkeit der Ebenen entfernen, Datei speichern	42

S

Sitzbereich abrunden	51
Speichern der Baugruppe	107
Spiegeln der Dachverstrebung	39
Spiegeln der Reling	100
Strebe kopieren und entlang der Rumpfkante anordnen	97
Sweepen der ersten Strebe	96

T

Trennebene erzeugen	30

V

Verschieben einer Fläche	50
Volumenkörper in zwei Hälften trennen	30
Volumenkörper spiegeln	24
Volumenkörper variabel abrunden	22

X

XY-Ebene sichtbar machen	12

Z

Zeichnen der ersten Linien mittels dynamischer Werteeingabe	14
Zentralen Kugelkopf erzeugen	75
Zweite 2D-Skizze zeichnen	71
Zweite 2D-Skizze zeichnen	95

14 Befehlsübersicht

2D- und 3D-Skizzenbereich

- Abhängigkeit: Horizontal - S. 18
- Abhängigkeit: Koinzident - S. 18
- Abhängigkeit: Tangential - S. 48, 54 ..
- Abhängigkeit: Vertikal - S. 18
- Bemaßung - S. 18, 19 ..
- Block erstellen S. 35
- Bogen durch drei Punkte - S. 21, 84
- Drehen - S. 73
- Ellipse - S. 71, 72
- Geometrie einschließen - S. 98
- Geometrie projizieren - S. 14, 17 ..
- Konstruktion - S. 14, 17
- Kreis durch Mittelpunkt - S. 96, 99
- Linie - S. 15, 17
- Punkt - S. 74
- Rechteck - S. 41
- Stutzen - S. 28, 35 ..
- Versatz - S. 27, 34 ..

Bauteilbereich

- 2D-Skizze erstellen - S. 14, 16
- 3D-Skizze erstellen - S. 98
- Bohrung - S. 89
- Drehung - S. 60
- Erhebung - S. 23, 74
- Extrusion - S. 28, 30 ..
- Farben zuweisen - S. 42, 60 ..
- Fasen - S. 65
- Fläche verschieben - S. 51
- Gewinde - S. 66
- Kugel - S. 37, 45
- Lüftungsöffnung - S. 33
- Quader - S. 64
- Rechteckige Anordnung - S. 98
- Rippe - S. 39
- Runde Anordnung - S. 75
- Rundung - S. 23, 30 ..
- Spiegeln - S. 25, 40 ..
- Sweeping - S. 97, 100
- Trennen - S. 31
- Umgrenzungsfläche - S. 85
- Versatz von Ebene - S. 12, 13 ..
- Wandstärke - S. 32, 51
- Zylinder - S. 77

Baugruppenbereich

- Abhängig machen - S. 91, 92 ..
- Ersetzen durch - S. 105
- Erstellen - S. 94
- Platzieren - S. 88, 106 ..
- Spiegeln - S. 93, 101

www.ingramcontent.com/pod-product-compliance
Lightning Source LLC
Chambersburg PA
CBHW082208220526
45470CB00010B/3095